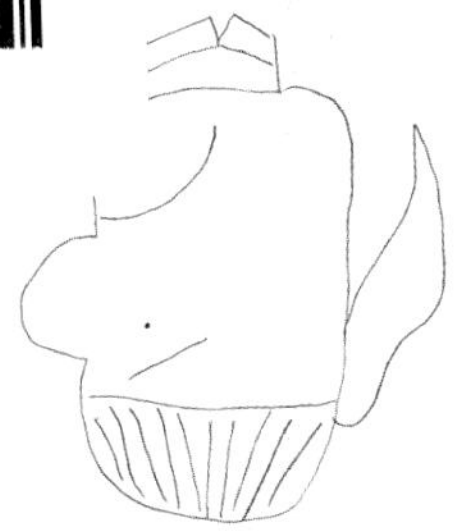

中村多惠・監修

想對狗狗說的許多話

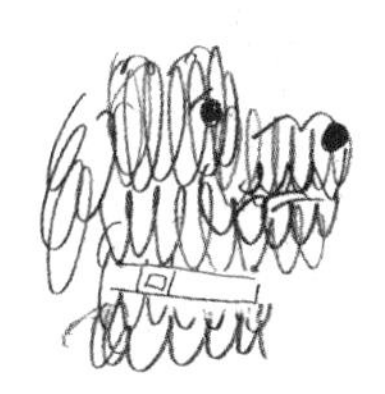

瑞昇文化

前言

雖說離飼養寵物熱潮已經相距甚遠了，但是根據（社）PET FOOD 協會發表之 2011 年度日本全國貓．狗飼養實際狀態調查的結果，狗兒的飼養數達 11,936,000 隻。換算來說，日本竟然有約 18％的人是與狗兒一起生活的。

人為什麼會飼養狗兒呢？原因一定是五花八門吧。例如，狗兒被人類冷淡對待時，就算暫時性地不相信人類，之後只要遇到心地良善的人，必定會把這個人當作飼主看待，不會遺忘對飼主的忠誠心。狗兒這樣珍視主從關係的性格，應該可說是牠們被飼養的原因之一。

另外，飼主越用心去瞭解狗兒的心情，狗兒也就越能理解飼主的感情。這是人和狗兒相處後形成的深刻「牽絆」，以及從以往自身的飼養經驗，還有和周邊狗兒與其飼主們的生活狀態所感覺到的。

很可惜的，人和狗之間沒有共通的「語言」。不過，飼主只要仔細觀察了狗兒的行動，我們就能和狗兒們「對話」。重要的是，必須抱持著「要依偎．觸動狗兒內心的感覺」。但願在閱讀完本書後，飼主能有「原來你們都是以這樣的心情生活啊！」的感想，並期望能因而更加深彼此的信賴感。

狗兒的教養輔導員
中村多惠

『先下手為強!? 難道你有預知能力?』

飼主一站在廚房就心神不寧，
一走到玄關就雀躍不已。
以滿懷期待的眼神預備「吃飯囉！」、
「散步囉！」的迅速程度，
有時候真令人瞠目結舌呢！

『臉上好像有坑洞喔！』

慌亂的早晨、返家後的當下、睡前。
總之，能無論何時都融入在最喜愛的飼主的視線中，就是狗兒的生存之道！

『你喜歡被撫摸，喜歡到扭動身體的程度嗎？』

一被飼主撫摸腹部或脖子，便會瞇起眼睛扭動身體。
就像是和母親在一起般，可以完全感到放鬆安心一樣。
如果認為牠是像愛慕母親般愛著飼主，
就會感覺牠越發可愛呢！

『就算很高興，也別把手放在我頭上啦！』

每天在玄關為我送行．
迎接的狗兒的故事。
牠會以極快的速度飛奔躍升過來，
然後立刻急煞車忍住般，
等待我彎下腰試圖脫下鞋子時，
會像是在表示
「我等你好久囉」般，
把牠的手放在我頭上……。

『你不必拚命的藏，我不會搶你的那個啦——』

給了牠玩具後，牠發出無可奈何的聲音，
以一臉困擾的模樣晃來晃去……
要把寶物藏起來是可以，
但可別忘了藏寶的地點喔！

『一坐下就變得挺圓滾滾的嘛！』

「坐下」，難道是類似人類盤腿坐的狀態嗎？
一看到這宛如不倒翁娃娃般帶著圓潤感的樣子，
就不由得想去摸摸牠呢！

目次

Part. 2　狗兒日常生活中的小事記

吃飯時間

散步時間

睡覺時間

老狗的生活

《超萌部位圖鑑》了解更多的狗兒魅力

Part. 3 想告訴你的處世秘法

這樣只是讓彼此都很累……

使關係良好的教養訓練

Part. 1

迷上了狗兒那無可救藥的習慣

『從正前方被盯著瞧還有點緊張呢！』

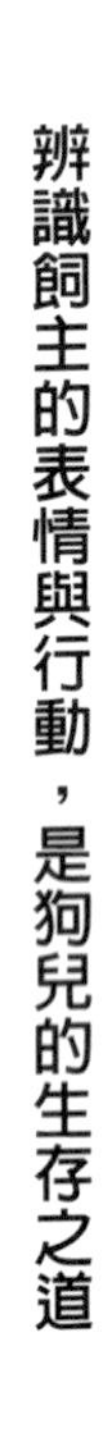

辨識飼主的表情與行動，是狗兒的生存之道

在各房間跟前跟後，抬頭仰望般凝視飼主的臉，當視線交會時不停地搖動尾巴……狗兒的這些姿態實在是太可愛了！

狗兒會注視飼主的動向，是因為在人類社會的這個「家庭」群體中，狗兒們會自然地不斷去意識「可信賴、可放心追隨！」的主人（領袖）的行動。畢竟，要是沒有主人，必定無法去散步，而且也沒辦法得到吃的東西。

所以狗兒會將眼、耳、鼻、口全部啓動，藉以確認飼主釋放出來的「氣味」、「聲音」、「表情」，並期待接下來將會發生的事。此外，有時候也會從下往上凝視著主人，這時很有可能是想表達「陪我玩」、「我餓了」、「想去散步」等

對於群居生活、具有跟隨領袖習性的狗兒來說，飼主就是領袖。狗兒總會讀取飼主的氣味、聲音、表情，來判斷意思。

訊息。

另一方面，你是否曾在路邊看見狗兒覺得「好可愛啊！」，但狗兒卻把視線撇向別處呢？不過，這時不必擔心「狗兒是不是討厭我？」。這並不是狗兒討厭你，也不是牠害羞。而是因為在狗兒的世界裡，初次見面就眼神交會是表示要挑釁打架一樣。

也就是說，不使目光交會，是表示「我不打算和你打架喔！」的意思。輕撫狗兒時，先讓牠嗅嗅你手背的氣味，再用溫柔的聲音一邊呼喚牠，一邊輕撫牠的脖子下方或側腹部吧。

『總是開心地迎接我回家的，只有你喔！』

因為，我總是滿心期待你快點回來

飼主一回家，狗兒會搖著尾巴到玄關迎接。據說狗兒對飼主無償的愛與信賴，也是人類疼愛狗兒的重要原因。無論狗兒是否有結紮，就算已經長大了，仍永遠像是小孩一樣。

動物學者天寶葛蘭汀（Temple Grandin）表示，狗永遠會呈現出「幼形成熟」這種不會消失的孩子氣行動。母狼離巢狩獵，幼狼食用母狼獵捕回來的獵物。對狗兒來說，飼主也許就是母狼的角色吧。

狗兒對飼主投入的戀慕之情接近愛慕母親的心情，也因此狗兒會以類似孩子般毫無心機的方式對待飼主。這就像最愛的母親回家時，開心地說出「歡迎回來！」迎接母親的孩子一樣。

狗兒就算長大了，也一樣會像等待母親的孩子般等待飼主回家。牠會辨別家族成員的腳步聲，今天也會到玄關迎接喔！

另外，狗兒是用「氣味」判斷所有的事物，是嗅覺能力極傑出的動物。牠會聞聞飼主的氣味，想著「今天主人是去了哪裡呢？」來確認飼主那天一整天的行動。那麼，飼主回家前在玄關等候又是為什麼呢？

這是因為狗的聽覺能力極佳。據說狗的聽覺是人類的約六倍，牠能聽取到的範圍是人類的約四倍。牠能從遠方感受到飼主微弱的腳步聲，然後快速地跑到玄關等候。

太過開心而不小心散漫了下來……我沒有惡意，不要罵我嘛！

另一方面，你可曾有過回家時，前來迎接的狗兒因為太開心而漏尿的經驗呢？這是俗稱「歡喜尿」的舉動。因為是仔犬時期特有的生理現象，所以沒有解決方案。比較起來，歡喜尿好發於小型犬或雌犬，性格方面則常見於不怕生人、愛狗、且容易興奮的類型。雖然被稱為歡喜尿，但不侷限於開心的時候，感覺興奮或極度緊張、害怕時，括約肌會瞬間鬆弛，尿液便會自然地從膀胱流出來。恐怕，迎接飼主而漏出歡喜尿的狗兒，在飼主高聲說出「我回來了！你今天乖嗎？」的時候，因為被飼主撫摸或抱起來反覆搓揉身體，而格外感覺興奮吧！

一興奮起來，括約肌（尿道口的肌肉）就會瞬間鬆弛，尿液便自然地從膀胱流出……。這是無法控制的。

若想要止住狗兒的歡喜尿，就得連狗兒前來迎接時，也先暫時「無動於衷」，等狗兒平靜下來後再一直「靜靜地讚美牠」。如果你在狗兒漏尿時發出驚呼聲，則狗兒反而更容易出現反覆漏尿的行為；如果斥責牠，牠反而會以為「排泄是不對的行為」而憋尿。所以，要是狗兒做了什麼，不要罵牠，要把對牠而言是正確良善的事告訴牠。讓狗兒能學習到只要在這種情境下冷靜下來就能得到飼主輕撫牠，這樣才是最好的教養方式。

『連讓我舔一口冰淇淋的空檔都不給我』

大白天就那麼熱情的親親？其實只是想要冰淇淋才舔你的啦。

這是和人類一樣，表示「超級喜愛！」的一種情愛表現

你可曾有過輕撫愛犬或誇讚牠後，牠撲上來狂舔飼主嘴巴的經驗呢？就像是狗兒也和人一樣會用親吻表達愛意般，讓人覺得「原來有這麼愛我啊！」而感到欣喜。狗兒會去舔人的臉或嘴，據說是狗的祖先「狼」所遺留下來的習性。母狼會將自己咀嚼過的食物吐出來餵給小狼吃。小狼在乞求母狼吐出食物餵牠時，會撒嬌似地舔母狼的嘴巴。

此外，在表示自己服從比自己更強健的狼時，或是被母狼責罰後撫慰反省時，都會舔對方的嘴巴。大概這個習性被遺留了下來，且以飼主取代了母親，因此，舔飼主的嘴表示「我餓了，快給我東西吃啦！」的催促、「最喜歡你了！」的撒嬌、「不要生氣嘛！」的反省。因為是對飼主表示好感和服從的舉動，請當作是和愛犬的溝通，開心地領受吧！

然而，約75%的狗兒口中含有巴斯德氏菌。一般來說，人就算感染了也不會有什麼症狀，但嬰幼兒或免疫力較弱時，可能會有支氣管炎等症狀發作。最好能在感冒時避免和狗兒親親，也盡量不要和狗兒共用餐具或湯匙，以及唾液交換等過度的肢體接觸。

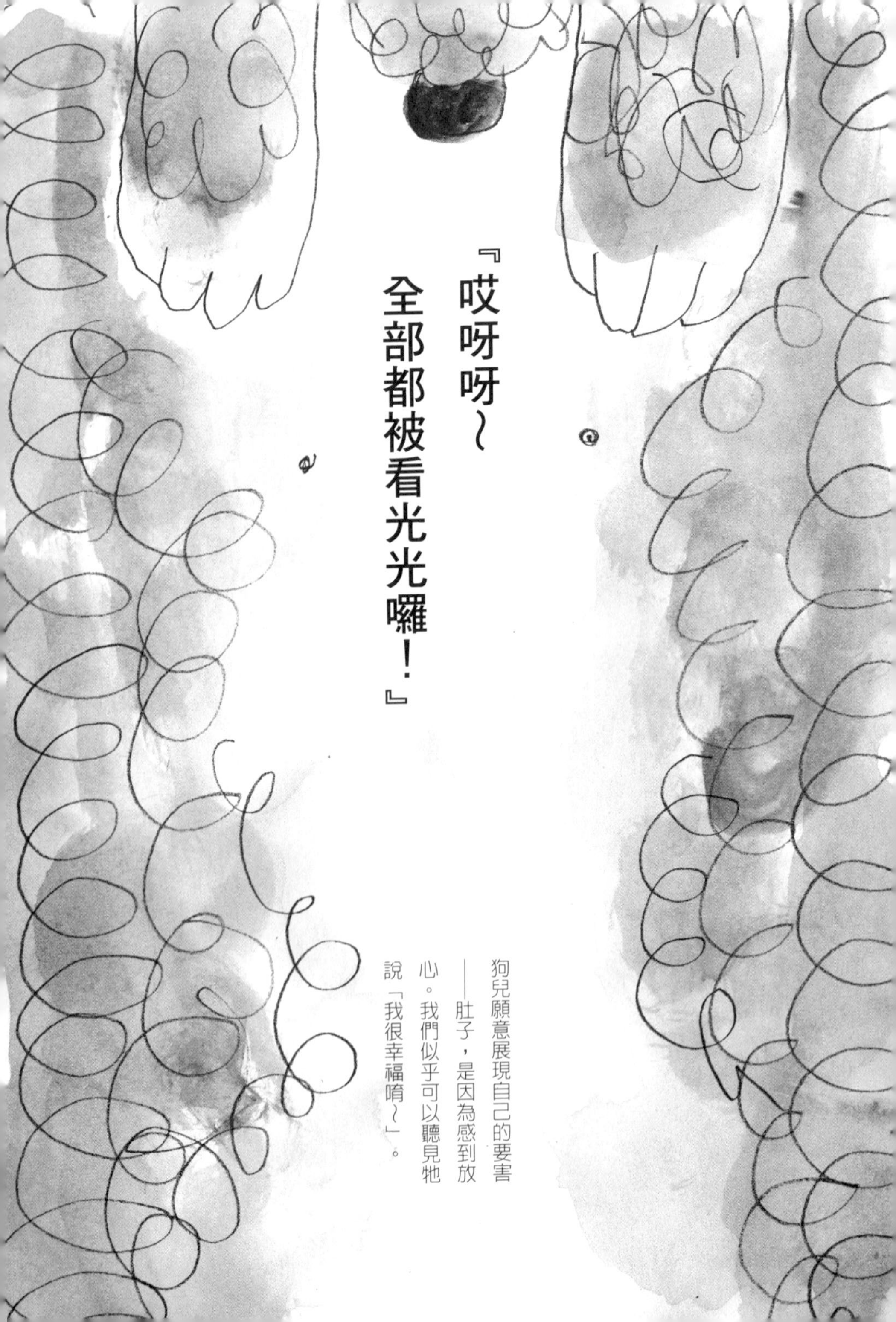

『哎呀呀～
全部都被看光光囉！』

狗兒願意展現自己的要害——肚子，是因為感到放心。我們似乎可以聽見牠說「我很幸福唷～」。

雖然是不雅的姿勢，卻是對飼主感到放心的表現

有些狗兒會把肚子翻過來，以仰躺的方向入睡。女孩尤其會覺得「做出這樣不雅的姿勢，真是羞羞臉啊……」而感到驚訝，但是牠伸懶腰時拉長的身子，呈現出一種奇妙又詼諧逗趣的模樣，對愛狗人士來說，真是無法抗拒的可愛啊！

動物的下腹部沒有骨骼（肋骨）覆蓋，和其他部位比起來毛也比較少，所以下腹部是最沒有防備的部位了。而且，仰躺時下腹部會全被看見，若被咬了將會是致命傷，因此是動物最大的弱點。要是在稍微需要警戒的對象面前，是不會露出肚子讓對方看到的。

毫無保留地展露出這麼重要的部位，是表現出「我不會悖逆你！」、「我百分之百信賴你！」等至高善意。也就是說，願意展露下腹部的這個舉動，表示飼主和狗兒的關係良好，狗兒心裡有安全感，是能夠徹底放心的證據。若你能這麼想，必定能感受到更高一層的疼愛。

不過，有時狗兒也會以服從的姿勢，同時傳達「撫摸我的肚子」的訊息。如果狗兒的優先級順位高過人，當給予狗兒超出必要的持續撫摸後有可能會被狗兒咬住，這屬於問題舉動之一，需要確實地教導訓練牠。

此外，露出肚子但撇開視線，而且尾巴或耳朵看得出緊張的情形時，則是在比自己強的對象面前表示「投降」的意思。

『今天尾巴的擺動也很出色喔！』

就算是以同樣方式擺動尾巴，有時候仍是代表不同意思，必須注意以避免會錯意。

尾巴是狗兒的身體語言，代表兩種意思

狗兒一看到飼主，便會搖著尾巴跑過去。大部分是狗兒感到高興才會搖尾巴，各位也應該都很清楚。如果是表示「你好！」這種問候等級時，狗兒會輕輕地擺動一下尾巴，但若是非常開心的狀態，則會大幅度又快速地擺動尾巴。以幾乎要搖斷般的速度快速地擺動尾巴並飛奔過來，這種直爽的情愛表現，讓我們也跟著高興起來。

不只是狗兒，動物的尾巴具有平衡身體的作用。而且狗兒會利用尾巴和同伴溝通，所以只要觀察尾巴的動向，就能瞭解狗兒的心理狀態。因為狗兒的尾巴是牠們重要的舒緩信號（狗兒的身體語言）之一。

狗兒激烈快速地擺動尾巴，代表兩種意思。一種是太開心、非常興奮時。當相隔許久又再次和飼主或喜歡的人見面時，常會出現這樣的行動。有時候，甚至有些狗兒會因太過興奮而漏尿。

不過，跟剛才提的幾乎是完全相反的情形，狗兒有時候也會在完全不開心的狀況下激烈地搖晃尾巴。這通常是在飼主強烈斥責或加大聲音講話的時候出現。這時，牠是要表達「不要那麼生氣嘛！」並藉由搖尾巴來鎮定飼主的情緒。請依狀況判斷愛犬的身體語言吧！

讓我們回顧一下『尾巴語言』吧！

老實說，只用尾巴是很難判斷狗兒的心理狀態。最好能觀察狗兒當時的模樣，並同時確認基本的尾巴情感表達——「尾巴語言」。如果知道當時的心理狀態，請觀察牠的整體模樣和聲音等（也包含尾巴），綜合性的判斷狗兒的情緒。

哪個、哪個？讓我看看吧！

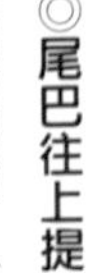

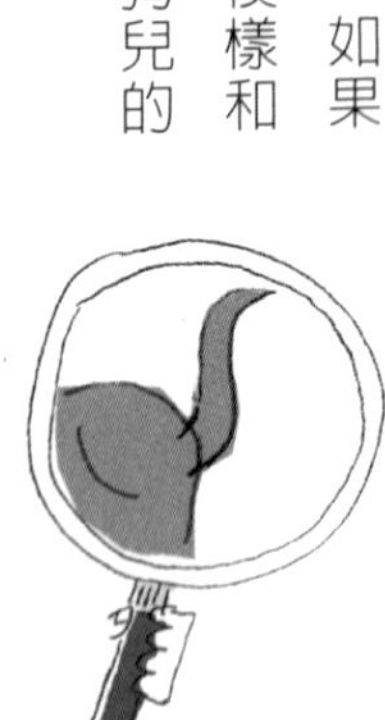

◎大幅度的橫向擺動

比自己小的狗或仔犬在嬉戲時等情形，「這傢伙，真是個固執惱人的小子啊……」的感覺吧。

◎尾巴往上提

展露威嚴，稍微強勢的狀態。當尾巴舉高，姿勢也擺正時，就是準備攻擊或警戒的訊號。

◎尾巴往上揚並輕微地擺動

感到興奮或想要邀請你一起玩耍時，會高高舉起尾巴擺動，顯示出好感。

◎尾巴往上揚並緩慢地擺動

表示呈緊張狀態。或許是對不熟悉的狗或人，傳達「不要過來！」的意思。

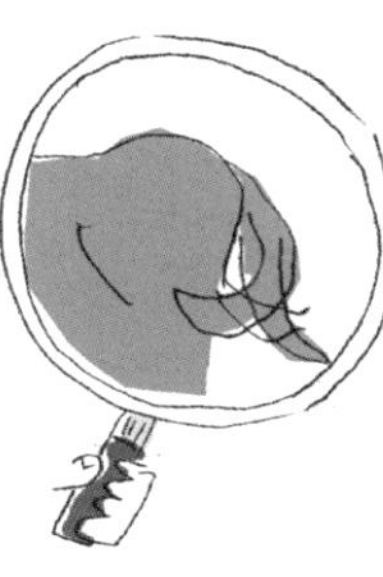

◎尾巴往下彎扭般擺動

尾巴下垂是情緒平穩的表示。彎扭般搖晃則是撒嬌或服從的信號。

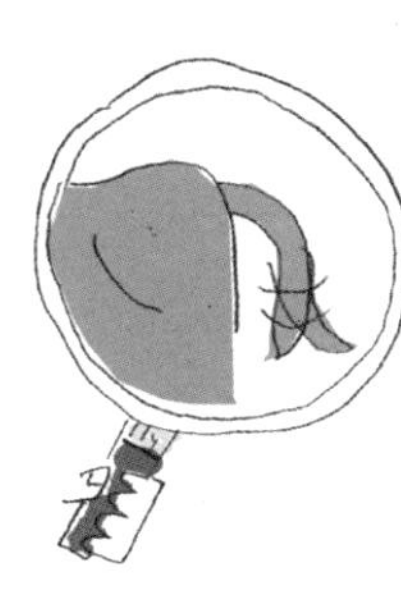

◎尾巴下垂小幅度擺動

表示警戒或「好開心啊，該怎麼辦才好？」等困惑的情緒。

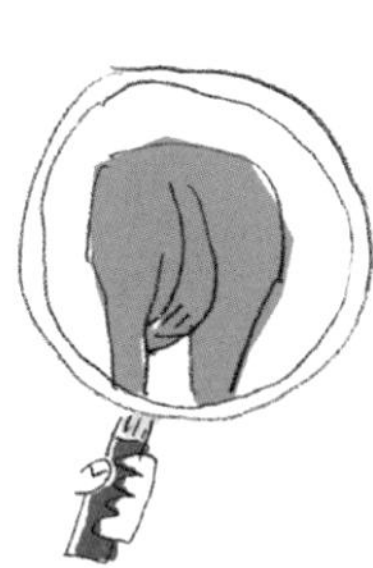

◎把尾巴夾在後腿之間

恐懼對方，傳達「請不要攻擊我」的服從信號。

◎尾巴往水平方向伸長

說起來，這是表示平靜的心情。也含有「沒有什麼有趣的事嗎？」的情緒。

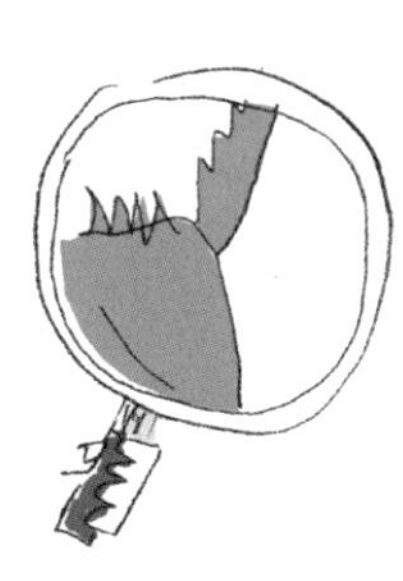

◎尾巴豎起來

顯而易見的，這是表示要攻擊的信號。若身體上的毛也都豎起來，則肯定是要攻擊。

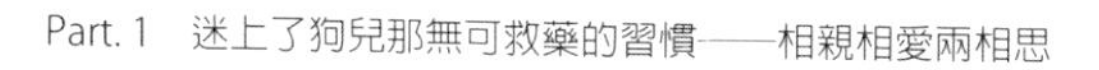

『今天也打算一直跟著我是吧！』

因為和主人在一起最能感到安心

「假日總是被纏住，真是傷腦筋啊」。本以為是在講戀人的話題，沒想到細細一問，竟然是被狗兒纏著，似乎只要飼主有什麼動作就會跟前跟後的狗兒挺多的。若更進一步追問後續狀況，似乎也有以「我家的寶貝是忠犬！」而感到驕傲的飼主呢！

首先，狗兒總是生活在同伴的周邊，不習慣自己一個人。而且，在家庭之主——飼主——的身邊，是最安全不過的場所了。家犬原始的野生習性，在人類社會生活時也會留存下來，所以只要在飼主身邊，就能無時無刻都感到安心。當然，平常獨自看家的時間長，所以假日才更想要一直膩在一起吧。

在腳邊跟前跟後時，會用前腳或鼻尖「喂～喂～」地磨蹭飼主，或是把下巴放在飼主的膝蓋上等，這時是表示在催促著什麼，或是傳達「陪我玩嘛」、「理我一下啦」等要求關愛的信號。或許是你陪牠玩的時間不夠喔。

狗兒跟在後頭片刻也不離開雖然是可愛的親密表現，但若是太超過反而可能對生活造成困擾。無時無刻跟在飼主後面的狗兒，可能有過度的依賴心。不妨偶爾忽略牠一下，好好地教導牠，培養牠的獨立意識吧。

不管去哪都跟在後面會是很麻煩的事。和教養孩子一樣，切勿過度保護也是很重要的喔！

家人或夫妻吵架，會使狗兒感到不安，請盡量避免

夫妻或家人一旦吵架，愛犬便能察覺那非比尋常的氣氛，像是訴說著「不要吵架」般，開始發出嗚——嗚——的嗚叫聲，或是咬著自己的玩具過去。

夫妻吵架時，從狗兒的角度來看，猶如是家庭內的成員一號與成員二號在爭執。對於需要二人庇護的狗兒來說，可謂是非常地不安。

當吵架爆發時，有時狗兒一開始還誤以為「是不是在玩啊？」而抱著「我也要一起玩」的想法叼著玩具過去。

經常聽到有人說，這時忽然感到「啥！為何在這種時候咬著玩具來？」而使吵架中的當事人

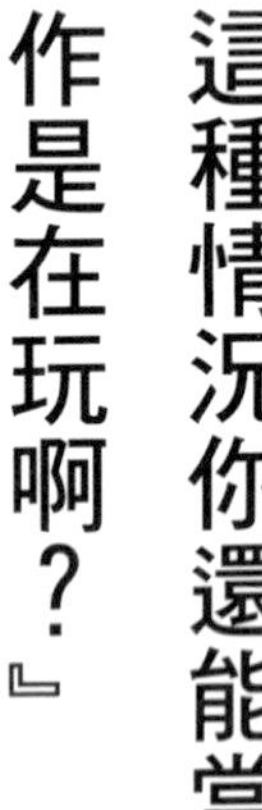

『這種情況你還能當作是在玩啊？』

夫妻正在爭論時，狗狗卻奮不顧身的把玩具咬來⋯⋯。愛犬是可以察覺不尋常氣氛的。

也不假思索地笑了，不知何時，吵架也自然結束了。不過，倘若是嚴重的爭吵，狗兒會覺察到和平常不同的氣氛而開始感到不安。

狗兒會抱著混亂的心情靠近飼主，宛如加入「仲裁」般，發出嗚——嗚——的聲音要求飼主停止爭吵。狗兒之間的爭吵即將發生時，也會有第三者般的狗兒介入兩者之間，要求牠們停止吵架。

然而，交雜著大聲怒吼或丟擲物品的激烈爭吵時，狗兒會懼怕地逃出爭執現場。這時會施予狗兒強大的壓力，使狗兒感到極不安，所以爭吵適可而止才是上上策。

『你是在安慰我嗎？』

寂寞時，只要有愛犬在身邊，就能感到安慰。狗兒也會擔心飼主出現和平時不同的模樣。

因為我一直凝視著主人，樣子和平常不同我當然看得出來

心情沮喪時，愛犬會來到身邊，以一副憂心的表情窺視著主人或舔舔主人的臉。難道狗兒也瞭解人的心嗎？與其說牠瞭解人的心，還不如說牠「始終凝視著飼主的行動」或許更加貼切。

比方說，你可曾以為「難道狗兒知道平日和假日嗎？」只要家人當中有在工作的人，平日的早晨，從起床到出勤這段時間內的早晨準備、照料狗兒的時間等早晨行動的模式，應該都已經固定了吧。盡快吃完早餐、技巧純熟地照料狗兒、換上整潔俐落的服裝再走到玄關。這一切都是為了避免遲到的快速行動。

相對的，假日的時候呈現出一派悠閒、緩慢的步調。當狗兒看到這景象，便會自動解釋為「今天是飼主會在家很長時間的日子」。就像這樣，狗兒經常能注意到飼主和平常不同的行動。

和平常相比，「聲音」較低沉、呆坐在位子上的時間較長、突然哭泣起來等情形也一樣。狗兒能夠敏感地清楚察覺到飼主與平常不同的舉動。察覺後的結果，便是像訴說著「怎麼了呢？」而湊近飼主身邊或舔舔飼主的臉，所以若以人的角度來說，可以想成是「正在安慰我」一般。這頂多可認為是從「行動變化」讀取人的「心理狀態」。

狗是同調性極高的動物。只要家族和樂，狗兒也會歡欣；倘若家族頹喪無生氣，狗兒也會跟著毫無生氣。

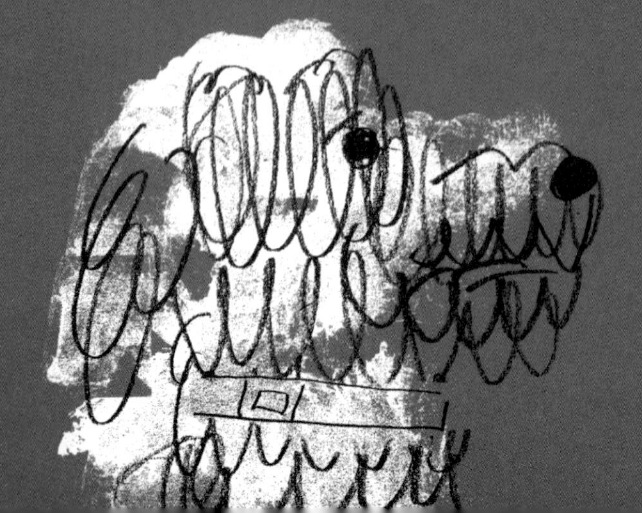

如果家人沒精神，狗兒也會跟著沒精神

常聽人說，家庭內主事照料的人身體狀況不佳時，狗兒會以擔憂的眼神窺視，或不肯離開飼主身邊。家族內若有人罹患大病，家庭內的氣氛也容易陷入灰暗。愛犬感受到這種氣氛而跟著無精打采起來。雖然確實地感受到狗兒也是名正言順的家族一員，但這也是因為狗兒察覺到飼主的樣子和平時不同，而宛如擔憂飼主一般，出現絕食或剩下食物的情形。

在1991年襲捲加利福尼亞州的大地震時，曾有一位名為維吉尼亞史密斯（Virginia Smith）的女性所飼養的老狗久久不肯離開吸入黑煙而臥倒的飼主身邊。老狗戀慕著遭受嚴重燙傷的女主人，在事件發生後便鬱悶寡歡等等。這是狗兒展現出高度忠誠心的小故事。

當然，也有不太在意飼主身體等狀況的狗兒。話雖如此，但請理解這決不是狗兒冷漠。因為人是會被狗兒精神奕奕的模樣療癒的。

此外，狗兒可憑著「氣味」辨識出罹患癌症的人，關於這樣的研究已展開，並已得到明確的結果。狗兒尤其嗅覺和集中力極佳，也被稱作是「癌症偵測犬」。

『我的敵人就是你的敵人？』

狗兒不會站在強者的那一方，而是無論什麼時候，都擁護「喜歡的人」

倘若夫妻或家人間出現爭吵，其中有家犬主要的飼養者時，狗兒可能會像保護那個人一樣，吠叫起來。狼群之間若有紛爭，其他的狼會自然地支持較強的一方而攻擊較弱的一方。這就是野生的「弱肉強食」的世界。

然而，狗兒參與飼主的爭吵時，並不是觀察狀況後和強者站在同一國，而絕對是擁護「喜歡的人」。這一點和野生的狼有極大的差異，在在可看出狗兒不會背叛的忠誠之心。

平日負責照料作家「林芙美子（Hayashi Fumiko）」的愛犬「佩特（ペット）」的姪女福江（Hayashi Fukue）也曾這樣說過：「我和

狗兒的觀察力可能更勝於人類。牠們會盡力保護主人，不讓飼主受到危害。

外婆（芙美子的母親）吵架時，佩特會跳到外婆那邊吼叫以助我一臂之力」，外婆還說「連狗兒都來幫你了呢！」。佩特或許是把平常餵牠、照料牠的福江當作母親般愛慕著，所以才燃起了「我得去救她！」的使命感吧。

此外，散步途中如果遇到和飼主溝通不合的人物時，愛犬也可能會吠叫或咆哮。狗兒或許是感受到飼主出現和平常不同的模樣，而判斷對方是敵人。相反的，對於身為領袖的飼主所接受的對象，狗兒也不太會抱著警戒心對待對方。

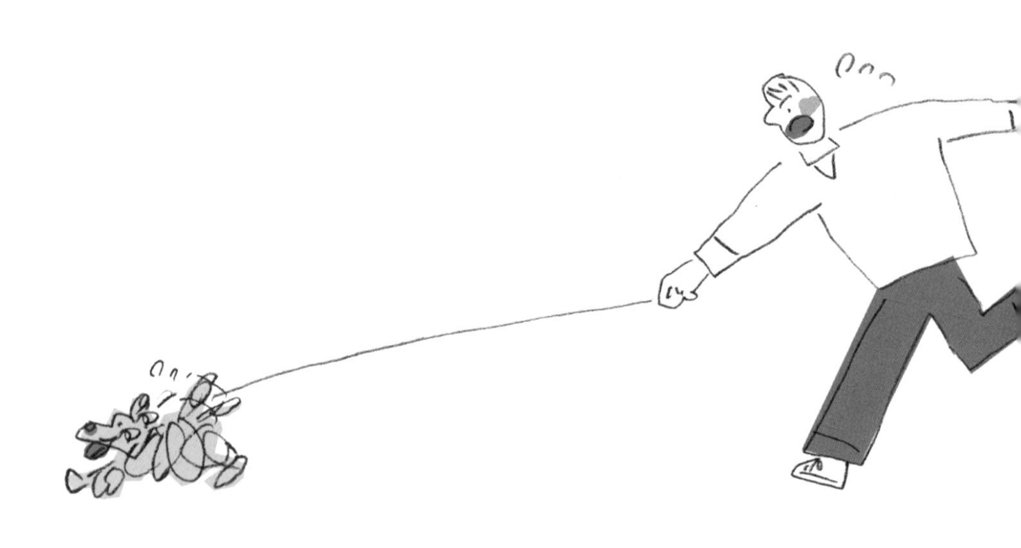

觀察主人的習慣加以預測，狗兒多年來的直覺總是對的喔！

如果高喊「吃點心囉！」並搓動塑膠袋使袋子發出嘎沙嘎沙的聲音，狗兒便會大幅度地擺動尾巴等在那裡，宛如瞭解人的語言般。但這其實只是狗兒把單字和行為連結後記憶的結果，並不是瞭解人類的語言或者點心這個單字的意義。之前已敘述過狗兒區別平日和假日差異的方式（參照31頁），這是因為狗兒的觀察力敏銳，能夠確實掌握飼主的行動特徵和習慣，進而預測飼主的行動。

例如，偶爾會聽到有人說狗兒每天早上從玄關幫忙拿報紙進門的事，這也是觀察飼主的行動，連結單字後記憶下來的結果。

如果散步途中有飼主經常駐足的店，狗兒會記得，並且先一步抵達。決不是看見了什麼可愛的小姑娘喔！

「早上，飼主會到玄關處拿什麼」，狗兒會擴大解讀飼主的這個行動。就這樣觀察每天早上的情景，察覺到「原來主人需要放在玄關的『那個』！」，而將報紙銜過來。

每天早上帶狗兒外出散步的男性也曾有這樣的小故事。據說那位男性總是在散步途中坐在某個特定的椅子上，然後在那裡抽根菸。就這樣不知什麼時候開始的，愛犬會率先跑到那個椅子旁邊，像是訴說著「你要在這裡休息對吧！」而好好地坐在那裡等等。這一切都讓人實際感到狗兒深愛飼主，並且真的經常觀察飼主。

『ㄏㄚ，幹嘛啦？』

狗兒不管經過多久都還是個孩子。總是想要吸引主人的目光。會想要參與主人的團體，「看我這邊啦！」般呼喚著主人。

喂—喂—，看我這邊啦！我想要你陪我玩啦！

愛犬有時候會把前腳搭在飼主肩上。宛如用手輕拍肩膀般呼喚著「喂—喂—！」一樣，飼主或許也會不假思索地回應「怎麼啦？」。實際上，這究竟代表什麼意義呢？

狗兒對狗兒的情況下，把前腳搭在另一隻狗兒的肩上，是表示「我才是老大喔！」的信號。換成人的情形也是這樣，一般來說，這是表示自己是站在優於對方的位置上，所以也有人認為這是不可以做的舉動。究竟是否真是如此呢？

實際上，這些舉動較被人認為是狗兒在期望飼主的關心，並用搭肩表達「陪我玩」、「看我這裡啦」的意思。

只要狗兒的嘴巴有稍微張開或紓緩，且眼神中沒有緊張的神色，就可以看作是對飼主的愛慕表現。

同樣的，用鼻尖戳飼主、把下顎搭在飼主膝蓋上、將前腳放在飼主腳上等，都是狗兒平常不太會展現出來的行動。

是否當狗兒獨自在家留守的時間太長，或是陪牠玩的時間不夠時就會出現這樣的行動呢？這恐怕是牠很寂寞，想要表示「理我嘛……」的信號呢。

把屁股坐在地板上並舉起前腳上下擺動時，也自然可以想成是在向主人要求一起玩或吃點心。

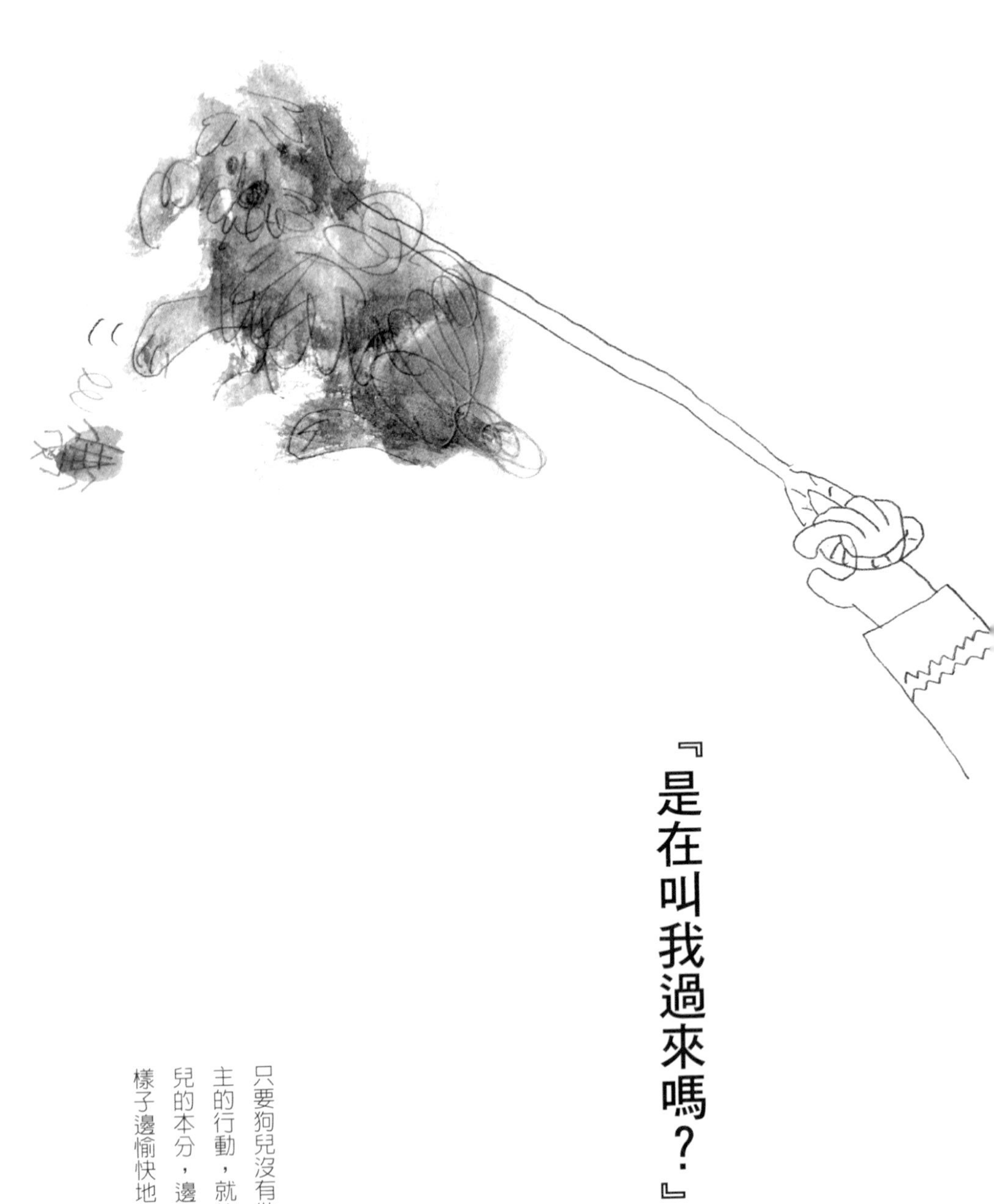

『是在叫我過來嗎？』

只要狗兒沒有做出超越飼主的行動，就能夠做好狗兒的本分，邊關注飼主的樣子邊愉快地散步。

詢問主人「我可以先走嗎？」

狗兒在散步途中，有時候會有脫離帶領而先跑出去，然後在前面回頭等候、又跑出去又再回頭等候……的行為。就像是在訴說「這裡、這裡！」一般，在飼主眼裡是既天真無邪又可愛的模樣。這通常被想成是狗兒能去散步而感到開心雀躍的表現。

此外，也經常在公園等處看到年邁的飼主牽著活潑的狗兒散步，而狗兒會先走在前面，然後回頭望著飼主像是說著「可以嗎？」的等待景象。狗兒平常生活在被侷限的空間內。散步是牠們唯一和外界接觸的時間，所以也難怪會如此。牠們或許是在回頭望著飼主的同時，徵詢飼主的意見吧。

只要沒有奔跑起來，狗兒自然地會和飼主的步調配合，不過，如果狗兒的精神極好，偶爾一起奔跑感受彼此成為一體的感覺也是很不錯的。

然而，狗兒走到前面並用力拉扯狗鏈的行為，是在表示由狗兒決定目的地的意思。從狗兒的立場來看，會以為是飼主讓牠自己去散步。如果這個狀態持續的話，將會變成不聽飼主指令的任性狗狗。

狗兒拉扯狗鏈時，飼主最好先暫停腳步，讓狗兒牢記飼主沒有繼續走自己也不能先走。當狗兒想往自己要去的方向時，飼主可先暫停腳步後轉換方向，讓狗兒能學習到主導權是由飼主掌握。

『你的名字是……什麼啊？』

如果每次被叫到名字後都會挨罵，會變成狗兒不想回應的其中一件事喔！

有些時候，明明叫了狗兒的名字，牠卻沒回過頭來或沒有跑來。是否沒注意到？還是故意的呢……？

身為飼主，都希望自己一呼喚狗兒的名字，牠就喜孜孜地跑過來，所以該不會是狗兒惡作劇或犯錯時，曾叫了牠的名字後就罵了牠呢？如果牠學習到「一被叫名字可能就會挨罵」，便可能在被叫喚名字時也不過來。所以平常要責罵牠時，最好不要呼喚牠的名字。

另外，叫牠名字而牠也過來後，立刻幫牠剪指甲或刷洗等做這些狗兒不喜歡的行為也是不好的。

相反的，最好在一起玩耍時、去散步時、給牠食物時等狗兒喜歡的事情上，積極地呼喚牠的名字吧。只要狗兒學習到「被叫名字後都會有好事發生！」，也就必定能在呼喚牠後得到牠的回應。

基本上狗兒就像我們人一樣，覺得「開心」、「有趣」、「舒服」的事情是相同的。也就是說，若要狗兒遵循飼主的用語，只要能伴隨著「開心」、「有趣」、「舒服」的大原則就好了。而且對狗兒來說最開心的事，莫過於得到飼主的疼愛。只要能得到飼主稱讚、被撫摸、被抱在懷裡，真實地感受到被飼主所愛，狗兒就會覺得很幸福。

呼喚了狗兒的名字狗兒卻不理，其中一定有什麼理由。若呼喚了狗兒名字狗兒確實過來後，請好好地讚賞牠吧！

『你真是一反常態地認真斜著脖子耶！』

因為我總是努力地想聽清楚人說的話

如同某音樂製造商的商標般，狗兒好奇地歪著頭，像是思索著「那是什麼啊？」的姿態，令人非常喜愛。看起來也像是牠望向這裡歪著脖子詢問「怎麼了啊？」一樣。

其實，狗兒歪著脖子的舉動，經常出現在想著「那是什麼啊？」的時候。就跟飼主和狗兒對話時會稍微傾斜脖子一樣。並不是因為聽不清楚，而是根本搞不懂牠在說些什麼的狀態。所以這時候會像是要仔細聽清楚一般，稍微斜著脖子讓耳朵靠過去，像雷達般擺動著耳朵以搜尋音源。

另外，平常總是很聽從飼主的指示，但偶爾也會有不聽指示並歪著脖子的景況。這並不是狗兒變笨了，可能是飼主的聲音音調過於平坦使狗兒聽得很吃力。

所以，對狗兒發出指令時或是希望牠做什麼時，請把音調上揚並加強目的語的部分。如此一來，狗兒便能夠瞭解飼主在要求什麼或說什麼。

再者，也有些狗兒在歪著脖子時，飼主開心地說「好可愛喔！」狗兒因此而常歪著脖子。這或許跟追求「受歡迎」的人類女性心理相似。

這項圈真難受啊……

常見到愛犬歪著脖子、傾聽聲音般的模樣。其實是項圈太緊不舒服!?

『真～的是很愛被抱著耶！』

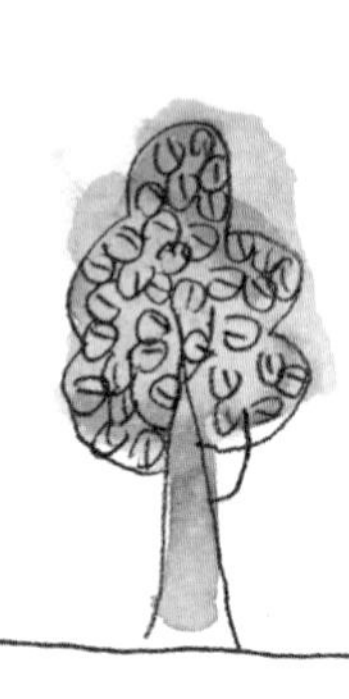

以狗的本能來說，身體被限制不能動其實是很不安的

你是否也根深蒂固地認為「狗兒被飼主抱在懷裡會很開心！」呢？當然，也有狗喜歡被抱著，但仍有不少狗被抱住其實會感覺不舒服。與其說是討厭被抱，應該說是還不習慣被抱著。

動物，對於自己的身體無法自由移動的狀態是會感到驚慌的。狗兒會記得身體移動被限制的狀態下所感覺到的恐怖與不安。

所以如果壓住牠的動作把牠抱起來，或是抱的方式不穩的話，狗兒可能會有「不要不要啦」等粗暴亂叫的情形。雖然相形之下小型犬似乎比較不會抗拒被抱著，但是像柴犬等日本犬討厭被抱著的似乎很多。

雖說是小型犬，但如果老是抱著，如果被抱習慣了也可能會害怕走路喔！

然而，刷洗或剪指甲等時候，仍有需要把狗兒身體固定住的情形。狂犬病的預防注射也一樣，需要徹底支撐住身體才能進行，因此有必要讓狗兒習慣被抱住。

要抱狗兒時，最好以蹲姿將一隻手繞過狗兒的腋下，另一隻手從下往上舉起狗兒的身體或臀部。如果把狗兒的兩隻前腳拉開後抱起，或是勉強地把牠抱起，都會讓狗兒感到害怕，請避免這些舉動。

另外，有些狗被抱過之後會搖晃身體。特別是害怕就醫的狗兒，經常在診察後出現這樣的行為。這是一種舒緩信號（參照58頁），表示狗兒從緊張狀態下解放，讓自己冷靜下來的方式。

『大清早的，請再讓我睡一下……』

作家・菊池寛（Kikuchi Kan）甚至讓愛犬一起上床睡。不過，若是和狗兒一起就寢，也別忘了早晨時會被狗兒吵醒喔！

「差不多該起床囉！」
或許一大清早就會被吵醒喔！

起來後便尋找飼主的蹤影，入睡時也在飼主的身邊。對這種片刻不離飼主的狗兒，應該也有感到被愛慕的喜悅之情吧。這是生活在群居社會的狗才有的習性。

「群」這個字表示經常在伙伴身邊，有成群或群聚的意思。經由伴隨在主人身邊以確認彼此的群聚關係有被保護，或者藉以觀察主人的動向。

以往為了讓主從關係明確，有些人主張飼主和狗兒不應該一起入睡。但現在有許多飼主明知有這樣的意見仍和狗兒一起睡，不過，這些飼主必須有某種程度的覺悟。

最多的困擾是大清早被狗兒的吠叫聲吵醒。這可能是狗兒在向飼主表達「想去廁所」、「肚子餓了」、「差不多該起床了啦」等要求。而且一旦實現了幾次狗兒的期望後，狗兒嚐到早晨的甜頭，便會每天早上比飼主早起，開始催促飼主「帶我去散步！」。

不管飼主是睏是累，都跟狗兒無關。狗兒只不過是學習到只要比飼主早起「就會有好事等在後頭」，所以才會「那個……今天早上也來叫吧！」般不管怎樣都先吠叫。

用責罵牠的方式制止牠是很困難的，所以當牠想用吠叫吵醒飼主時，飼主必須要用假裝沒聽到的耐心應對才行。這並不是對狗兒「絕情」，而是飼主無意識下養成習慣的結果。

『現在沒有叫你耶…』

家人之間熱烈地討論愛犬的話題時，「不要講我的事啦」般愛犬突然出現。似乎意外地對謠傳敏感。

明明是同一個團體，卻被屏除在外一般……

狗兒大多養在室內的現代，你是否曾覺得狗兒們經常觀察或傾聽我們人類的行動呢？夜晚，狗兒也吃完晚飯、確認每位家人都確實回家後，以安心的狀態熟睡。

不過，常聽到有人說狗兒只要一察覺到有誰在講述自己的糗事並大聲發笑，就會突然起身出來，摻進家人的談笑之間。這應該就像是睡著的幼兒聽見大人們愉悅的談笑聲而醒來……的狀態吧。

狗兒因為是群體生活的「社會動物」，所以很重視和夥伴間的溝通。牠們對於自己被最重要的家族群體摒除在外，而其他成員們開心地談笑的這種「氣氛」，有優於人類的敏感度。

這種情形下，牠們會對大家言談熱絡時發出的「高聲」談笑或自己的名字有所反應。聽力卓越的狗兒會注意到「嗯嗯，不要那樣高興地講我的事情嘛……」而摻進談話者之間。

相同的，家裡忽然有誰來和飼主對話的話，牠也會如「別忘了我喔！」般摻入兩人之間。要是牠沒有吠叫倒是沒什麼問題，但若牠搗蛋惡作劇，飼主最好能先忽略牠。

『難道是……裝病!?』

沒錯！

期望飼主理我時，不自覺地就這樣做了……

家犬捲曲著腳，但外觀看來沒有任何傷痕。到醫院求診後也斷定毫無異常。正以為牠一定很痛，過幾分鐘後卻又精神奕奕地玩耍起來……。

沒錯，這是真實上演的案例。

在一個飼養親子狗的家庭中，當仔犬出生時，飼主把大部分的關注都放在照料仔犬上。那時帶母犬去散步時，母犬突然捲曲著腳臥倒在地。在那之前一直很健康，也不記得腳有受傷，所以便請獸醫仔細檢查，但是發現毫無異常。原來，是裝病啊。

只養一隻狗兒的時間很長，那在之前始終黏著飼主的母犬，因為和飼主的牽絆極深才出現吃醋的心情吧。不過，飼主或家人不在家時無法掌握狗兒的狀態，所以遇到這樣的情形最好還是到醫院求診吧。

其他還有工作忙碌時、結交了新戀人或家族有新成員出現等等情況下，飼主對狗兒的關心移轉到其他地方，狗兒一心想引起飼主注意，便會出現「裝病」這種舉動。

狗兒記得以前受傷時飼主非常擔心自己，所以用同樣的方式期望飼主的關愛。飼主若發現愛犬是裝病也請別斥責牠，最好給牠更多關心使牠安心。

狗兒也會假裝受傷或生病！因為是表達自己寂寞的舉動，就算發現了也請別怒罵牠喔！

『該不會是沒注意到吧!?』

即使是狗兒，也還是會有搞錯的狀況喔！

狗兒聽見玄關的聲音，認為「這是爸爸！」而短跑前來後，發現原來是宅配的大哥啊。這時，狗兒在「我才沒弄錯呢」的氛圍下抓著自己脖子的模樣，真是既滑稽又惹人疼愛。

有位把愛犬飼養在院子的女性曾提到，自己打算和狗兒玩耍而從室內走到院子時，狗兒從腳步聲判斷且誤以為是可疑人士便汪汪汪地大聲吠叫起來等等。但是，等家人一顯現姿態後，狗兒出現「什麼嘛～，原來是你啊～？」等想要隱瞞自己認錯的那種有點不好意思卻又喜悅的模樣。

另外，狗兒玩得太入神而做出把餐桌上的食物弄掉或是弄破紙門等意想不到的疏忽時，也會觀察飼主的臉色來討好飼主。從下往上望著飼主撒嬌，或是立刻秀出自己的肚皮表示投降，甚至會伸出前腳表示「手」或「布施」想蒙混過去等等。乍看之下，狗兒似乎已自覺自己的過失疏忽並正在反省，但其實不是如此。

「錯誤不好的事」是由飼主判定，狗兒只是依據飼主當下的行動判斷，所以也可能有時候會不知道那其實是不好的事。狗兒似乎只是從飼主發出較大聲音、並脹紅著臉等和平常不同的態度或行動，來判斷「好像是在發脾氣的樣子，總之，先來討好他吧！」。

狗兒稍微的小失敗或慌亂也能夠緩解飼主的情緒。不過，搗蛋最好還是適可而止……。

『討厭看家？』

狗兒基本上喜歡集團行動
對形單影隻是很害怕的

和狗兒一起生活，必定會有狗兒「獨自留在家」的時候。若有外宿一天程度的情形，準備水和食物之後讓狗兒獨自留在家的飼主應該也很多吧。對狗兒來說，獨自留在家是伴隨著許多不安的。

因為狗原本就是和同伴一起生活的動物，對形單影隻的生活是很害怕的。尤其是和飼主如膠似漆共同生活的室內犬，可能只是沒見到飼主便記住了這種不安感。

對於在人類這個群居社會中生活的狗兒來說，群體主人不在的狀態，便意味著自己平穩的世界將要崩壞。

如果要讓狗兒獨自留在家，也就是要讓牠自己一個人的話，狗兒會因要求同伴（人）而吠叫，或是把家裡弄得很混亂。因為獨自在家很無趣，沒什麼別的事可做，所以狗兒會尋求刺激而破壞靠近身邊的物品。室外犬則是會出現挖洞等舉動。

另外，也有些狗兒會完全不吃飼主準備好的食物。據說有某隻家犬只要一看到飼主準備較多的食物，就會誤以為是「又放我獨自在家！」而完全不吃。

狗兒可以適應平均約8個小時獨自在家，但基本上時間還是短一點才好。若只是採買程度的短時間讓狗兒留在家，可以從日常生活中慢慢增加牠一個人的時間，或藉由準備玩具或點心讓狗兒習慣獨自在家。

就算是狗兒，獨自留在家還是很寂寞的。些微的胡鬧是討人喜愛的。飼主返家後，請再充分地疼愛牠吧。

關於狗兒的舒緩信號

舒緩信號（Calming Signal），是狗兒的身體語言之一。是對其他狗兒表示「冷靜！」、對自己表示「冷靜點……」的情緒。

◎淨在嗅氣味，都沒往前走

被稱為嗅覺動物的狗兒，是仰賴「聞味道」來獲取所有的情報。例如，嗅地面的氣味來得知「最近似乎有新面孔來。得注意一下」等情報。明明多少對陌生狗兒有點興趣卻又裝做沒事般嗅著地面的氣味，這代表著「我沒有特別抱持著敵意喔！」的訊息。

狗兒對人類也會傳送相同的訊息。飼主呼喚狗兒的名字但牠卻沒有立刻過來，正當飼主感到沮喪時，狗兒一邊嗅著地面的氣味一邊回來。這是以對飼主傳達「冷靜點喔」。對散步中匆忙趕時間的飼主也會採取同樣的行動。

◎挨罵了竟然還給我打呵欠!?

被飼主責罵了、去了討厭的醫院、遇到不認識的狗兒等，在這個明顯不會發睏的場合，狗兒卻打了呵欠……。這是狗兒為了緩和自己或對方的情緒所做出的舉動。

◎伸出舌頭舔鼻子

被飼主責罵、不認識的狗朝自己走過來等緊張狀態下，就會出現類似這樣的舉動。

◎把身體擺成橫向

對象只有人類，或是只有1隻狗的情況下，要求對方從興奮狀態下冷靜下來，就會有這樣的舉動。

◎身體搔抓

常見於感覺緊張或無法放鬆的時候。這是一個釋放壓力的動作，藉此動作讓自己冷靜下來。

附帶一提，人在焦慮不放鬆時或緊張時搔抓頭髮，也是為了讓自己冷靜下來。

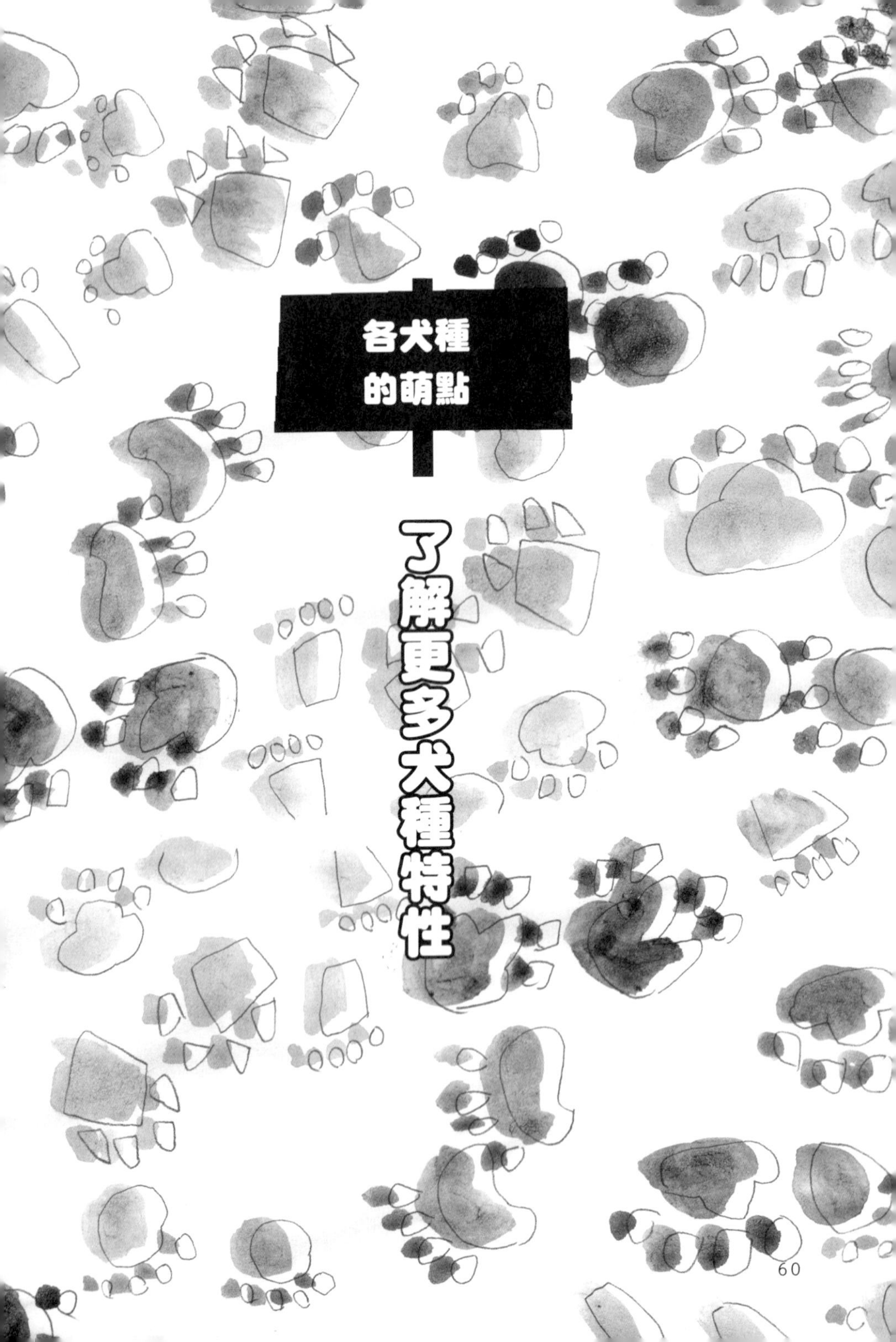

了解更多犬種特性

各犬種的萌點

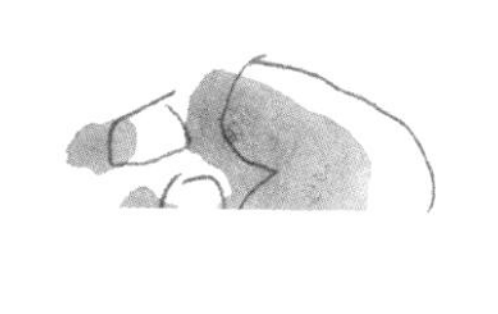

ENTRY No. 1

像貓一樣我行我素

吉娃娃（Chihuahueno）

□小型犬　□2.7kg以下　□墨西哥

在原產國墨西哥也被譽為是「神犬」、眼神如栗子般討人喜愛的吉娃娃。是世界體積最小的犬種，在日本的窄小住宅仍能輕鬆飼養，非常受人歡迎。

牠有天真又好玩的性格，卻也有相當具主見的一面。如果以為牠是在對飼主撒嬌而放任牠的行為等，久而久之牠就會像貓一樣我行我素，連獨自留在家也蠻不在乎。

不過，牠連在有一點點高度差的地方也可能受傷或骨折，所以需要多注意。另外，牠也有長大後頭蓋骨仍未密合的傾向，所以最好避免對頭部的衝擊。毛質長而濃密、光滑發亮，但是不太能禦寒，冬季時最好飼養在和人類相同的環境。

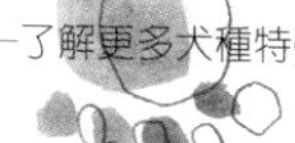

ENTRY No. 2

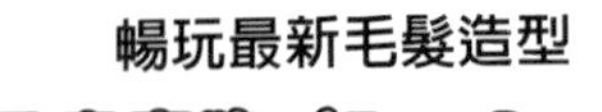

暢玩最新毛髮造型

玩具貴賓狗（Toy Poodle）

□小型犬　□3kg　□法國

比標準獅子狗小型化的迷你貴賓狗更小的玩具貴賓狗。牠誕生於18世紀的法國，是19世紀的拿破崙第二帝政時代，以「懷抱犬」被認為有飾品感覺而深受民眾喜愛的犬種。

臉、腳、尾巴的毛剃得短短的，腳尖和尾巴留著圓球般的毛，這種大家熟悉的造型原本是讓水邊狩獵犬容易工作而修剪的。為了保護心臟或關節不被冷水影響才留下如圓球狀般的毛。由於現在沒有這種必要，所以可以盡情享受喜愛的毛髮造型。因為幾乎不會脫毛，打掃也輕鬆不少。

性格仍留有狩獵犬的風範，也非常熱愛運動和玩耍。對飼主忠心且性情穩定，初次飼養的人也能夠輕鬆上手。

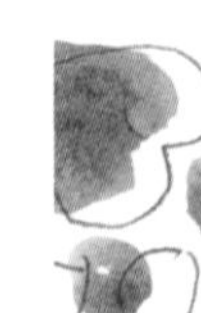
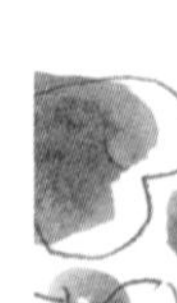

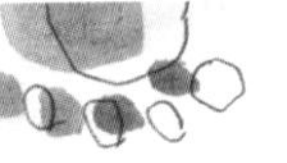

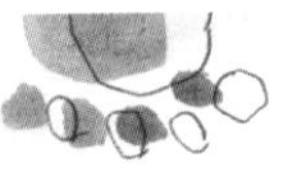
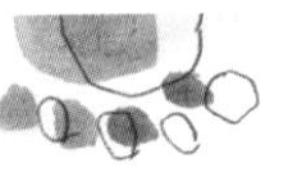

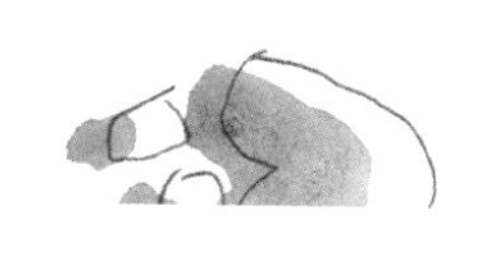

ENTRY No. 3

靈巧俐落的窄臉

迷你臘腸犬（Miniature Dachshund）

□小型犬　□4.8kg 以下　□德國

德語裡，「Dachs」指的是獾，「hund」則意味著狗，後來才改良成為用來獵捕在土中挖洞棲息的獾的犬種。牠的工作是靈活運用自己的長身短足鑽入巢穴裡捕捉獵物，再把獵物銜出洞穴。而以獵捕兔子等小動物為目的小型化的，則是迷你臘腸犬。

由於是成群結隊一起狩獵，因此狗兒之間的相處很好。狩獵犬共通的特徵是非常會吠叫，所以飼主的教養相當重要。牠們十分活潑且熱愛運動，但是上下樓梯或跳躍都會對牠們的腰部造成負擔，最好能盡量避免。

迷你臘腸犬的性格依毛質而異，據說長毛的比較倔強，毛質柔順如絲線的，性格比較安靜穩重。

充滿魅力的滑稽臉孔

巴哥犬（Pug）

□小型犬　□6.3～8.1kg　□中國

語源源自拉丁語「PUGNRS（緊握拳頭）」的巴哥犬，有塌鼻子、瞪得極大的眼、以及垂耳等特徵，臉孔如其名一般，看起來也像是緊握著拳頭一樣。

現已得知西元前四百年前牠就已經存在，並在中國的王室被當作賞玩犬疼愛，是養尊處優的寵物，後來經由和東印度公司的交易將牠送往荷蘭，在歐洲貴族之間深受歡迎。據說英國王室也曾飼養，應該也從牠那滑稽的臉孔獲得許多安慰吧。

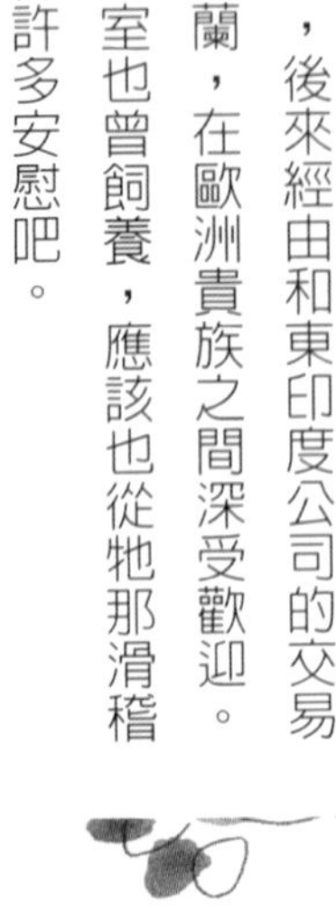

巴哥犬沒有什麼攻擊性，對飼主非常忠誠，但是嫉妒心很強，也有相當頑固的一面。由於牠的鼻子很塌，導致氣管較狹窄，會以看似相當痛苦的方式呼吸，睡眠時會發出較大的鼾聲。對寒暑的抵禦能力不佳，最好能多注意。

ENTRY No. 5

好奇心旺盛又精神洋溢！

博美犬（Pomeranian）

□小型犬　□1.5～3kg　□德國

博美犬是毛質蓬鬆柔軟的小型犬，牠原是在冰島等地用來拉雪橇、名為「薩摩耶犬（Samoyed）」的斯皮茨絨毛大型犬的一種。牠在送到德國之後以作為牧羊犬而活躍，並因深受維多利亞女王寵愛而受到歡迎，體型逐漸趨小型化後成為歐洲民眾喜愛的寵物。博美犬之名「波美拉尼亞（Pomeranian）」其實是橫跨德國和波蘭的地域名稱，據說德國至今仍有人以「小斯皮茨絨毛犬」稱呼博美犬。

牠是幾乎沒有停歇般精神洋溢的狗兒，而且好奇心十分旺盛。雖然也很順從飼主，卻也有小型犬共通的神經質特性。性格倔強，常會對可疑的聲響或人吠叫，因此飼主必須教養牠不要亂叫，這一點很重要。另外，牠的牙齒很脆弱，在維護方面需多留意。

中國神聖的宮廷犬

西施犬（Shin Tzu）

□小型犬　□8kg 以下　□中國

外觀有著擠壓崩碎般的鼻子、大眼睛、像鬍鬚一般的臉部毛髮，牠就是令人疼愛的西施犬。17世紀初期的西藏，將西施犬當作神聖之犬對待，之後送到中國更以最神聖的動物「獅子」作為其名。牠的性格中同時存有活潑與安靜的一面，並且會深愛著家人。雖然身形短小卻有強悍頑固的一面，不過牠對炎熱環境的抵禦能力弱，需要多留意。

大部分西施犬的毛髮都被剪得很短，不過，維持原本長毛髮的話看起來會非常有高貴感。因為牠的毛質容易起毛球，所以每天都必須梳理，把毛一點一點地分開後用紙包裹住，再用橡皮圈綁住的這種「包裝（wrapping）」，是保護毛髮的必要做法。為了不要讓披覆在臉上的毛髮插入眼睛，最好幫牠紮好頭飾。

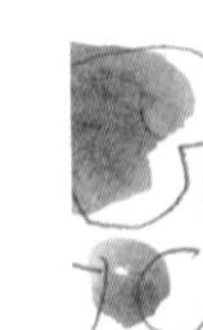

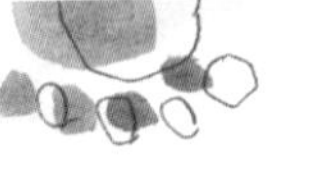

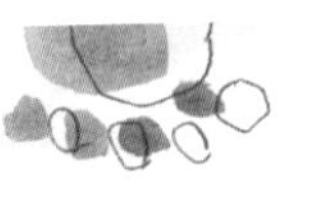

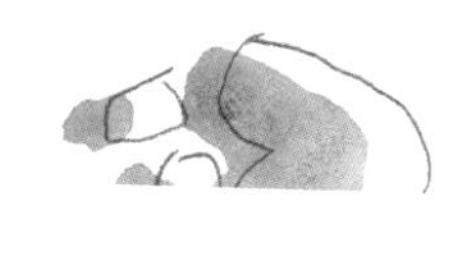

用身體充分展現自我！

約克夏㹴（Yorkshire Terrier）

□小型犬　□3kg 以下　□英國

約克夏㹴是在19世紀中期的英國約克州工業地帶，用來捕捉荒廢炭坑或紡織工廠中流竄的老鼠所改良的獵犬，牠的源頭不明，但確定是從敏捷的小獵犬（㹴犬，terrier）類的小型犬而來。不知是否是因紡織職人幫牠們進行交配而有了「絹絲狀的長毛髮是用紡織機製成的」這樣的說法，但現今，剪短毛髮的才是較常見的。

美麗風貌的反面，是充滿活力的性格。牠總是看起來非常忙碌地到處跑動。面對不認識的狗或動物會採取帶有攻擊性的反應，也可能會對牠們吠叫，但牠本身是打算全心全意做好看門狗的，所以請溫暖地守護著牠吧。牠還有愛撒嬌又怕寂寞的一面，若長時間留牠單獨在家會讓牠累積許多壓力，甚至可能會導致生病。

理想的家犬

騎士查理王獵犬
(Cavalier King charles Spaniel)

□小型犬　□5～8kg　□英國

有著大垂耳的可愛騎士查理王獵犬，是只挑選小型毛美而耳長的獵犬（spaniel）類交配改良而成的。15世紀後半的英國都鐸王朝稱其為「療癒獵犬」，據說還被當作是暖爐的替代品般常被抱在懷裡。18世紀時，英國國王查理二世甚至寵愛牠到幾乎忽略國務的程度，因此以查理二世的名號為牠冠名，在英國是頗受愛戴的犬種。

牠的性情溫順、社交能力佳，對不認識的人、小孩、其他寵物都能很快地熟稔起來。

因為有著垂耳，必須定期清潔耳朵。此外，牠們在心臟疾病方面的發病率較高，必須從日常生活中控管體重和注意運動，而且最好能定期健診。

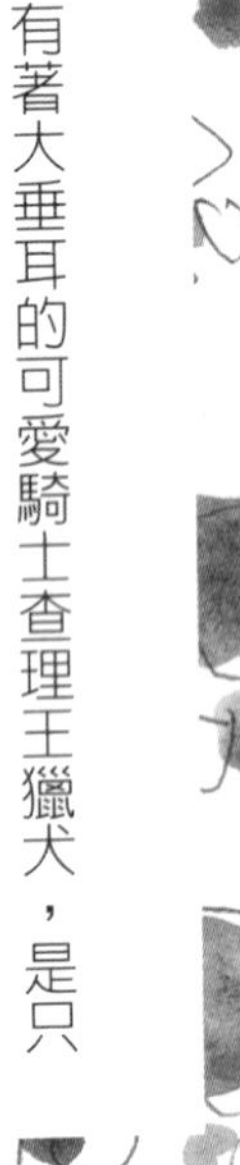

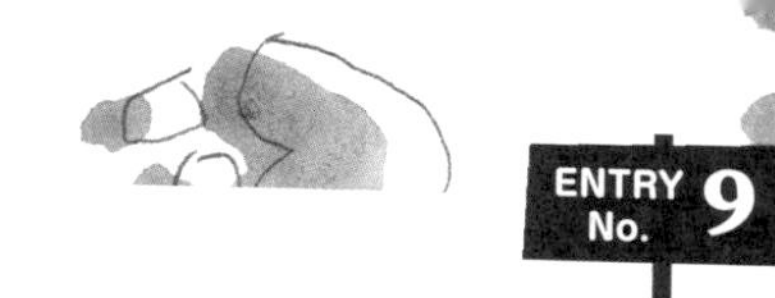

ENTRY No. 9

臀部有彈性的優秀看門犬

彭布羅克威爾士柯基犬（Pembroke Welsh Corgi）

□小型犬　□10～12kg　□英國

在英國威爾士地區作為牧羊犬活躍的柯基犬。大耳直直豎立的臉孔，雖乍看之下酷似狐狸，但牠身長腿短尾巴也短，搖晃著臀部走路的姿態總讓人覺得滑稽可愛。

沒有尾巴的品種是為了避免在牛群中被踐踏到才斷尾的，原本是像狐狸那樣的尾巴。現在，斷尾一事從保護動物的觀點來看已重新修正了。

柯基犬非常喜愛人類、性情平穩，而且也很順從飼主。判斷狀況的能力佳，記憶力好也是其特徵之一。牠個性獨立，也擅於長時間單獨看家。地域性的領土意識強，可說是很傑出的看門犬。不過，因為牠吃得多，比較容易變胖，適度的飲食和均衡的運動是很重要的。

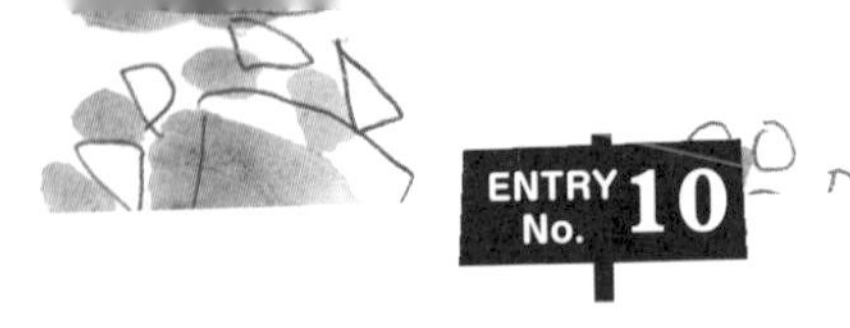

ENTRY No. 10

武士氣質的聰慧忠犬

柴犬（Shiba Inu）

□小型犬　□9～14kg　□日本

鬈曲尾巴威風凜凜的柴犬，是代表日本的小型犬中，在全世界皆受到歡迎的犬種。據說牠是在西元前三百年左右被飼養在山岳地區當作狩獵犬的狗，雖然體態屬於小型犬卻具備媲美中型犬的體力，動作輕快、體態平衡是牠的特徵。

不知是否是因為和居住在秋田地區山間的獵師經常兩人單獨度過之故，柴犬對主人的順從與忠誠之心甚為濃厚，卻也可能因此對他人熟悉不起來。此外，牠的獨立心和警戒心都很強，就連飼主觸碰牠的身體牠也不喜歡。再加上牠對地域性的領土意識很強，會經常吠叫，所以很適合成為看門犬。

在仔犬階段若能讓牠多和飼主以外的人或其他狗兒互動接觸，可以培養牠的社會性，是很好的做法。

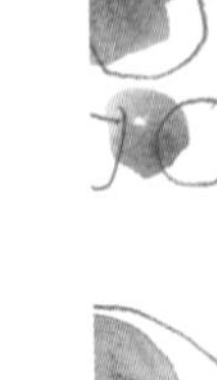

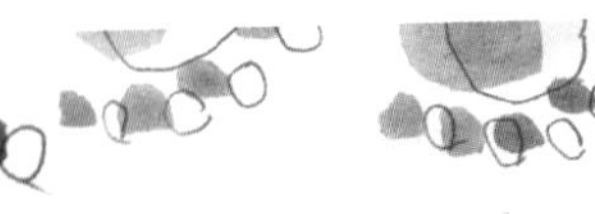

ENTRY No. 11

療癒系的幽默面貌

法國鬥牛犬(French Bulldog)

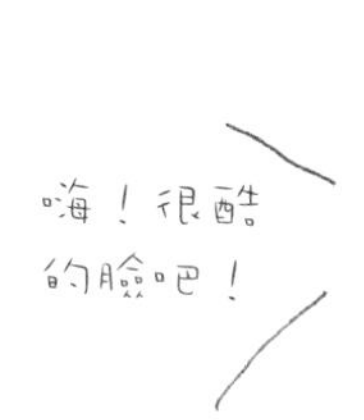

□小型犬 □10～13kg以下 □法國

在19世紀的英國極受歡迎,擁有塌鼻垂耳的鬥牛犬,承繼這些特色的小型犬被帶到法國去,和㹴犬交配後的結果,誕生了性情安靜的法國鬥牛犬。

牠擁有被稱為「蝙蝠耳(Bat's ears)」的這種形狀類似蝙蝠張開翅膀的耳朵、凹陷的鼻子、從頭部蔓延到肩膀的皺褶、別具魅力的表情和動作等,博得了眾多巴黎女性的關愛。

法國鬥牛犬除了有安靜熟慮的一面外,也熱愛遊玩或者討飼主歡欣。和人的互動也很好,跟任何人都能相處融洽,幾乎不會吠叫。

牠和巴哥犬一樣鼻子很短,因此總是呼吸出聲、睡時打鼾、還經常流口水。

閃耀著身為獵犬的本能

米格魯（Beagle）

□小型犬　□18～27kg 以下　□英國

米格魯的源由，據說是起自西元前在希臘幫助獵捕兔子的「獵犬（Hound）」，在14世紀的英國，米格魯類型的狗是被用來當作獵捕野兔的獵犬而活躍。並在16世紀左右的法語中，以表示「小型」的「米格魯（Beagle）」命名之。

米格魯被當作家犬而受到歡迎，主要的契機是由於美國漫畫《史努比漫畫劇—花生米（Peanuts）》當中的角色「史努比（SNOOPY）」。目前仍如其獵犬之名般，留有一邊吠叫一邊追捕獵物的能力，但為了避免亂叫，需要好好教養訓練牠。在牠安靜性格的反面，有著強烈的獨立個性，偶爾也可能會單獨行動。另外，牠非常貪吃，就連散步中也總是在尋找著「有沒有甚麼好吃的啊？」，最好注意別讓牠亂撿東西吃。

ENTRY No. 13

既順從又忠誠的名犬

拉布拉多拾獵犬 (Labrador Retriever)

□大型犬　□25～34kg　□英國

拾獵犬當中作為導盲犬而聞名的拉布拉多。毛色有黃色、黑色、巧克力色共三種，體型和黃金獵犬相比稍微小一點。牠的個性非常穩定，無論是怎樣的命令都會認真聽取，所以透過訓練後非常有機會成為名犬。

拉布拉多的性格非常溫順，是和平主義者。討飼主歡欣是牠最喜歡的事。然而，年幼時的牠卻是既調皮又愛撒嬌！只要好好教養牠，超過兩歲左右後會突然穩定下來變身為成犬。

牠的源頭是起自19世紀初期加拿大紐芬蘭的拉布拉多（加拿大東海岸島嶼的一個地區）。牠除了在海岸邊回收獵物外，也會協助尋找漂浮的漁網，所以現在喜歡游泳的拉布拉多犬似乎也挺多的。

ENTRY No. 14

溫馴滿溢的溫文雅士

黃金獵犬（Golden Retriever）

□大型犬　□ 24 ～ 44kg　□英國

屬於大型犬當中溫馴易飼養的拾獵犬，牠以將人類獵捕到的獵物撿拾回來而聞名。因為牠有「Retriever（尋回射中的獵物）」的特性而以此命名，垂耳和溫馴的表情是牠的特徵。

當中最受到歡迎的黃金獵犬，犬如其名，有著類似金色光澤的奶油色毛皮。牠非常熱愛人類，和任何人都能相處融洽。天生具有服從性，且十分喜愛討飼主歡欣，所以只要對牠下了指令牠都會率先實行。牠非常樂天開朗，就算挨了罵也馬上就忘了，立刻又開始玩耍起來。

牠的體力甚佳、喜愛運動，所以每天早晚的散步是不可或缺的一環。另外，牠也很愛在水中遊玩，甚至可能有不聽飼主制止仍跳入水中的情形。

Part. 2

狗兒日常生活中的小事記

『吃飯，是狗語嗎？』

從「備飯」的模樣，預測即將「開飯」！

一喊出「吃飯囉——！」後，狗兒會開心地搖著尾巴趨前而來。看到愛犬這樣的舉動，一定會不由得感到「聽得懂人的話啊」而開心不已吧。

不過就像之前所提及的，實在非常遺憾，狗兒其實並不瞭解人類話語真正的意思。與其說牠瞭解話語的意思，實際上卻是牠查看伴隨著「吃飯」這個用語時的飼主的行動，再加以判斷後的結果。

例如「吃飯」的時間一到，在那之前一直坐著的飼主會前往廚房，打開食物的袋子或是摩擦碰觸容器而發出聲響。

看到這個景況，狗兒便理解為「這是吃飯的時間！」。這時聽到飼主大喊「吃飯囉！」，便更明確地判斷「吃飯了！」。

另外，狗兒不光是觀察飼主的模樣，也會對當時聽見的聲響有反應，所以就算只聽到打開食物袋子的嘎沙嘎沙的聲音，也有些狗兒會認為是「吃飯了！」。有時候聽到極類似的聲響也會誤以為是「吃飯了！」，這也是狗兒討人喜愛的地方。

或許也有些狗兒在還沒說「吃飯」之前就先過去等待。這是從飼主表現出來的氣氛和行動預測已到「吃飯」的時間，進而判斷「大概要吃飯了！」之故。

尤其室內犬經常在觀察飼主的行動，所以應該能想成是狗兒可以知道接下來將會發生什麼。

不停地嗅著氣味以確認是否為能吃的食物

給狗兒吃飯或點心時，如果是牠已習慣熟悉的東西，牠就會直接大口大口地開始吃起來，但對於初次嘗試的食物卻會不停地嗅著氣味後才開始食用。雖然看起來像是在確認裡面有沒有放什麼奇怪的東西，但在某種意義上的確是在確認「這是什麼啊？」。

如同「眼福」這個用語一般，人類可說是「視覺的動物」。我們經常會「用眼睛品嚐」，如果眼前的料理看起來很美味，便會採取試吃的行動。相反的，如果看到準備的食用是凌亂的模樣，甚至可能一下子就沒了食慾。另一方面，狗兒是「嗅覺的動物」，因此會先從聞嗅「氣味」

『我沒有放毒藥什麼的啦！』

開始。對狗兒來說，嗅氣味的舉動，就跟人用眼睛看一樣，是用來判斷「這是可以吃的食物嗎？」的方式。不過仔細想想，人類在乍看之下不清楚是什麼食物時，也會在聞味道後確認「這大概可以吃？」。

或許有人認為「就算不用嗅的，看到也應該知道吧」，但是狗兒眼睛的鏡面比較厚，且集中焦點的肌肉並不發達，所以狗兒幾乎都有近視。就算距離很近，70公分以內的物體也似乎看起來一樣是模糊的。不過，和人類比起來，狗兒的視野比較廣，在黑暗中或查看移動物體的視力都很傑出。

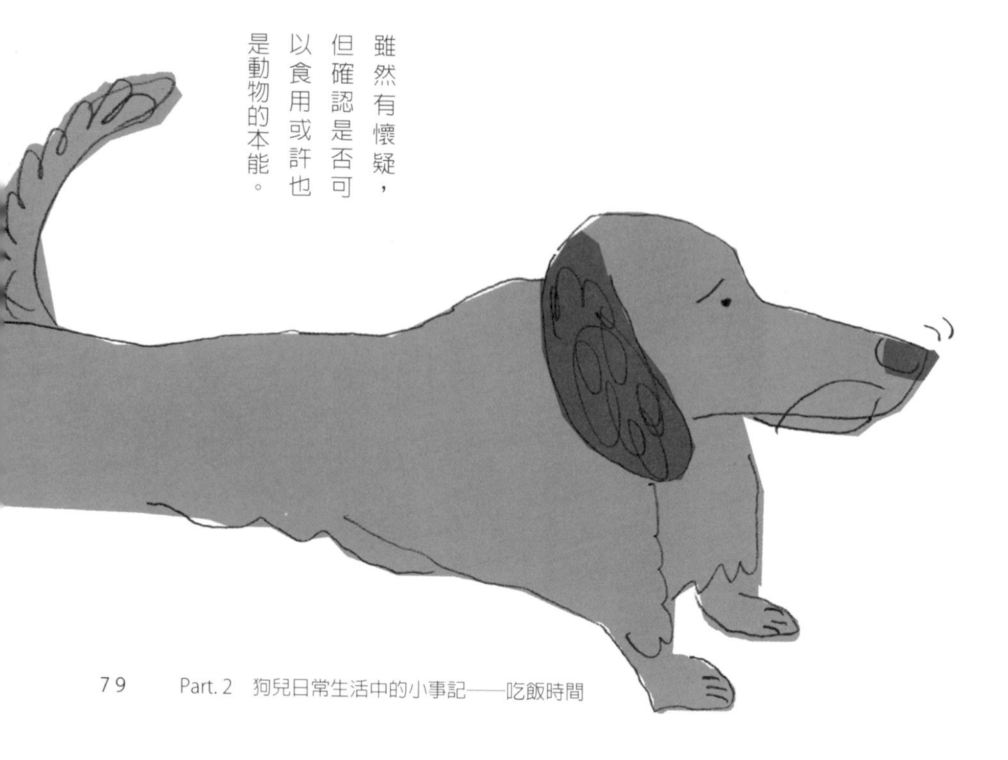

雖然有懷疑，但確認是否可以食用或許也是動物的本能。

『別吃得那麼急，我不會搶你的食物的！』

「吃得下就盡量吃吧！」這是因為還留有野生時期的特性

狗兒在成為家犬的現代，依然偶爾會表現出承繼自狼祖先的行動。狼通常是群體一起狩獵，獵捕成功後再一起享用獵物，所以並不一定每天都吃得到食物。狼群們有時候會一口氣把殺死的獵物吃光光，因為牠們可以在下次捕捉獵物之前，把現在吃下的食物儲存在「胃」裡。

狗兒雖然無法把食物儲存在胃裡，卻留下了「吃得下就盡量吃！」這種大量進食的習性。以人來比喻的話，可以想成是「再多品嚐一些？」，類似不管怎麼說先整個吞下，或是反正先吃就對了的感覺。

另外，在狗兒進食時靠近牠，或是伸手接近牠，狗兒就算正在吃東西也會豎起背上的毛，並發出低鳴的「嗚——」。這也是群體進食的野生習性，是為了保護自己的食物不被其他成員奪取而發出的警告聲響。這個行為在狗兒來說是很自然的，但是作為家犬飼養時，這卻絕對不是一個好的舉動。

可以的話，飼主最好能從仔犬時期便接近狗兒的食物，並以溫柔的聲音對牠說「絕對不會搶你的食物喔！」、「你放心吃吧！」，藉此讓狗兒習慣才是最佳做法。不過，若在狗兒已開始進食時接近牠且牠發出低鳴的聲音時，最好不要再勉強靠近。

狗兒也是會想要放心吃飯的。請不要抱著惡作劇的心理靠近牠喔！

『突然開始繞圈圈，嚇了我一跳！』

我是為了舒緩高漲的情緒才這麼做的

狗兒吃完飯後，可能會突然以猛烈速度快速繞圈旋轉。這是較年幼的狗兒常見的舉動。推測是為了舒緩吃飯後的高漲情緒才做出的行為。不僅限於飯後，用餐前、散步前、飼主回家時等情緒高漲的時候，狗兒都會為了抑制自己的興奮而不停地繞圈旋轉。例如，也有些狗兒在電車通過時會興奮地一直旋轉。

不過，若考慮到狗兒的健康，餐後最好保持安靜，不要讓牠太興奮，也避免立刻去散步等等，這些都是非常重要的。尤其是大型犬，如果在進食後立刻讓牠運動，可能會讓牠從胃擴張引起胃扭轉。狗兒也和人類一樣，應該避免用餐過後立刻的散步或運動。

狗兒繞圈旋轉不見得一定是因為開心的事。對於累積的不滿或壓力，也會以繞圈旋轉的方式紓壓。

另外，追著自己的尾巴繞圈，有時候是為了消磨時間，但似乎也有很多狗兒是以此逃避對環境不滿而帶來的壓力。另外，尾巴和臀部的連接處、背部、肛門周圍等處的不舒適感也可能是繞圈的原因，飼主最好能確認一下。

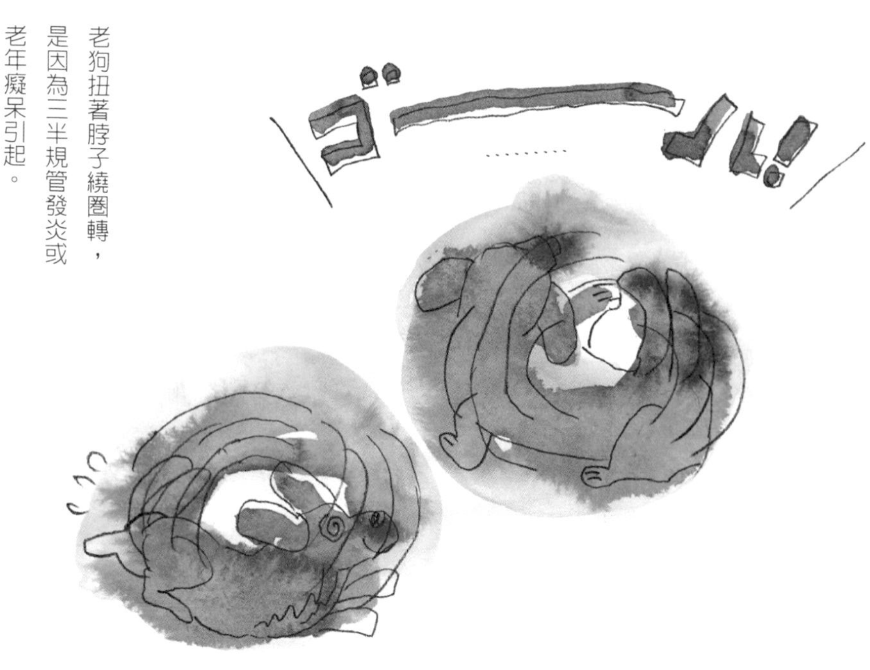

老狗扭著脖子繞圈轉，是因為三半規管發炎或老年癡呆引起。

『今天吃這些應該差不多夠囉～』

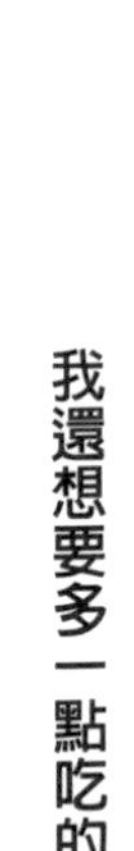

但是我今天跑了很多路，我還想要多一點吃的啦…

用餐結束正打算放下餐具時，狗兒吠叫了幾句。當飼主疑惑著「你明明已經吃過了啊？」，其實狗兒這舉動極可能是訴說食物的量沒有滿足，「請再多給一點！」的意思。另外，已經把碗裡的食物吃得一乾二淨卻還是不停地舔食自己的碗，也是在表達同一件事。

大部分的飼主都是以加工過的狗飼料當作狗兒的食物。餵食的份量依狗兒的月齡和犬種有各類區分，但幾乎飼主都會照著狗飼料外包裝上所標示的建議用量餵食。不過，有時候狗兒也會有稍微肥胖或太瘦的情形。這種情況下，例如，一歲大的幼犬外出後，飼主若感到「有比

狗兒的體重管理是飼主的責任。最好能配合每天的運動量來調整給食的量。

平常運動地更多」時，便可在餵食時給予比平常更多一點的食物量。

相反的，若是連日雨天沒有外出的話，為避免熱量過高，可以稍微減少餵食的量。這些餵食量的增減都是飼主必須要做的。

不是只按照外包裝標示餵食就好，而是必須考慮狗兒每天的運動量和已食用的點心，再依此進行食物管理，全面性地維持狗兒的標準體重。不過，成長期的仔犬可依照外包裝的標示餵食。

COLUMN 1
只有我家是這種情況嗎？

狗兒也會挑剔食物的喔！

這是庭院花盆裡有種小番茄的人家裡發生的小故事。正打算將已轉紅成熟的小番茄加以摘食採收時，意外發現泛紅的小番茄全部消失地無影無蹤，只剩下還沒成熟的青色番茄還留在枝上。

「犯人到底是誰？」正感到疑惑時，發現家裡飼養的狗兒的糞便中竟然有紅色的小番茄……。之後，飼主靜靜地觀察狗兒進出庭院的模樣，看見牠直接朝那個花盆走去，大口大口地嚼食著紅潤成熟的小番茄。

以往普遍認為狗兒是肉食性的動物，經此一事，確認到狗兒並不一定是最愛吃肉。牠也愛蔬菜，甚至可說是接近雜食性。基本上，飼主如果餵牠吃人吃的食物，狗兒便幾乎什麼都吃。

CASE-1

喝水的方式很粗魯！

有的狗會邊喝水邊把水飛濺到周圍。尤其常見於拉布拉多犬，或許是在裝了水的容器中「盡情玩耍」吧。

CASE-2

晚上喝杯小酒的最佳拍檔

把下酒菜中吃過的「雞肉串」給狗兒之後，每到晚上小酌時，牠便會到主人身邊黏著主人或向主人乞食。

CASE-3

美乃滋犬！

若把用完的美乃滋容器給狗兒，牠會把沒擠乾淨的美乃滋通通舔得乾乾淨淨。不過，給牠吃太多美乃滋對身體不好，要注意喔！

我愛邱比特牌的美乃滋！

『對喔，已經到散步的時間了……』

也有些狗兒會提醒飼主「散步的時間到囉！」。不過，需注意勿讓狗兒過度掌握主導權。

散步對狗兒來說是牠生存的意義，在時間上可是很正確的喔！

散步是狗兒的樂趣之一，同時也被認為是狗兒仍留有要去狩獵的野生習性。因此有必要盡量每天帶牠去散步。飼主打算去散步而從坐姿一起身，愛犬便馬上搖著尾巴在玄關等候，偶爾還會把散步用的狗鏈銜在嘴裡等著。

另外，如果不經意地忘了要散步，狗兒甚至會像是提醒般，用前腳「喂、喂」、「該不會是忘了吧？」地催促飼主。也會出現「你怎麼會知道呢？」等突然變開心的瞬間。

狗兒對每天的時間行程記得很清楚。對於能夠掌握飼主做完何事後會去散步的狗兒，只要時間一到便立刻知道「要去散步了！」而等在玄關。不過，要是散步的時間一直固定在某個正確時刻，只要時間稍為延遲，狗兒便可能感到不滿，這樣的做法容易對狗兒形成壓力。

因此，最好不要對愛犬訂定固定的散步時間，以放鬆的態度與不固定的時間帶牠散步。如果有其他家人也能帶牠散步，狗兒將會不容易事先判斷，這也會是一個方便的做法。

另外，連雨之日或忙碌時，以及身體不適等情形下，因為無法前去散步，最好能在陽台或庭院等處另外製作狗兒可排泄的場所，讓牠能在外出散步以外的情形下依然能大小便，這樣的教養是很重要的。切記，勿讓散步成為飼主和狗兒的壓力。

努力地在更高的地方留下自己的氣味！

狗兒在散步途中尿尿之前，仔細地嗅著電線桿、街燈、街樹的氣味，然後在底下留下一點尿液。這稱為「記號（marking）」，和排尿是不同的意思。記號，是狗兒用來宣示自己的地位和領土而留下自己氣味的舉動。

一般來說，雄性的狗兒會把單腳抬起來尿尿。這是為了能在比之前尿尿的雄狗更高的位置留下尿液氣味的舉動。所以經常的，會看到把單腳高高舉起，或是以倒立方式尿尿的雄狗。

比較起來，小型犬和中型犬較常看到這樣的現象，這是為了盡量提高「氣味」殘留的確定機率，並為了不要輸給大型犬的高度而做的努力。

『甚至想要倒立嗎？』

這樣一想，不由得感到這舉動有點令人同情、憐愛。似乎也有極少數的狗兒連排便也是用這樣的姿勢，這或許是因為輸不起的性格使然。

現在，狗兒以此作為領土的主權宣示是眾所皆知的，牠藉由分散自己的「氣味」來告訴其他的狗「這裡是本大爺先來的！」，用這樣的方式達到溝通。我們這麼認為是很自然的。狗兒甚至能從記號的氣味中判斷犬種和性別。

會留下記號的不是只有雄性的狗。發情期的雌性狗也會為了傳遞訊息讓雄性的狗知道而留下記號。

雌犬也會有領土意識，而且也是會發情的呢！

先前已提過，有許多雄性的狗會將單腳高高舉起，並在某些場所或物件上沾上自己的「氣味」，藉以彰顯自己的存在和領域。而雌性的狗則通常是以彎腰蹲伏的姿勢小便。

雖然偶爾也有雌性的狗抬起單腳排尿，但這種可說是領土意識較強的「男人味十足」的雌犬。相反的，也有會以彎腰蹲伏方式小便的雄性的狗。這時可以稱牠們為「較柔弱」的男子。

實際上，一旦進行了去勢手術，體內稱為睪酮（又稱睪丸素，testosterone）的男性賀爾蒙會減少，作記號的頻率也會大幅降低。另外，即便是雄犬，當牠還是仔犬的階段時也同樣會以彎腰蹲伏的姿勢小便，因此作記號這個舉動和

『我家的狗兒是在發情期嗎……？』

男性賀爾蒙有關連，幾乎是確實的。

另外，雌犬抬起單腳尿尿並不完全是固執於領土，有時也是在傳達自己正在發情。這時，與其說是「男人味十足」，更應該稱牠為「積極的女子啊！」。話雖如此，以飼主的立場來看，則有種「我明明一直把牠當成孩子……」而稍微感到震驚吧。

另有一種情形，似乎只是狗兒單純地不想讓尿液沾到自己身上，才會把腳舉起來。只把腳抬起一點點的狗兒，或許就是符合這種「喜愛乾淨」的情形。只用尿液這樣一個單純的條件，就能夠瞭解狗兒的性格傾向，實在是非常有趣。

即便是雌犬仍有些會抬起單腳尿尿。或許能從尿尿的方式瞭解愛犬的性格喔。

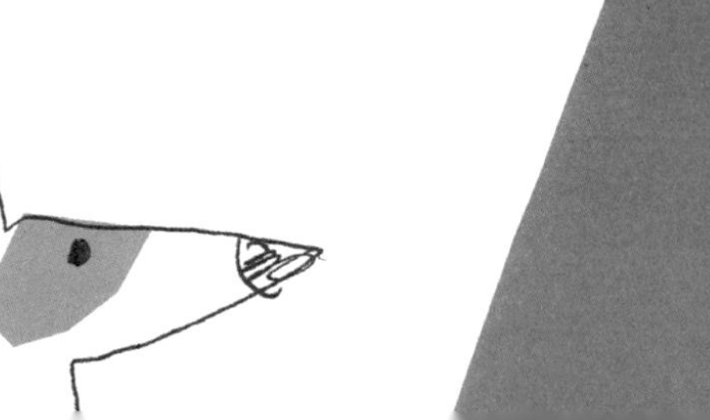

『加上這次已經尿了第10次了喔！』

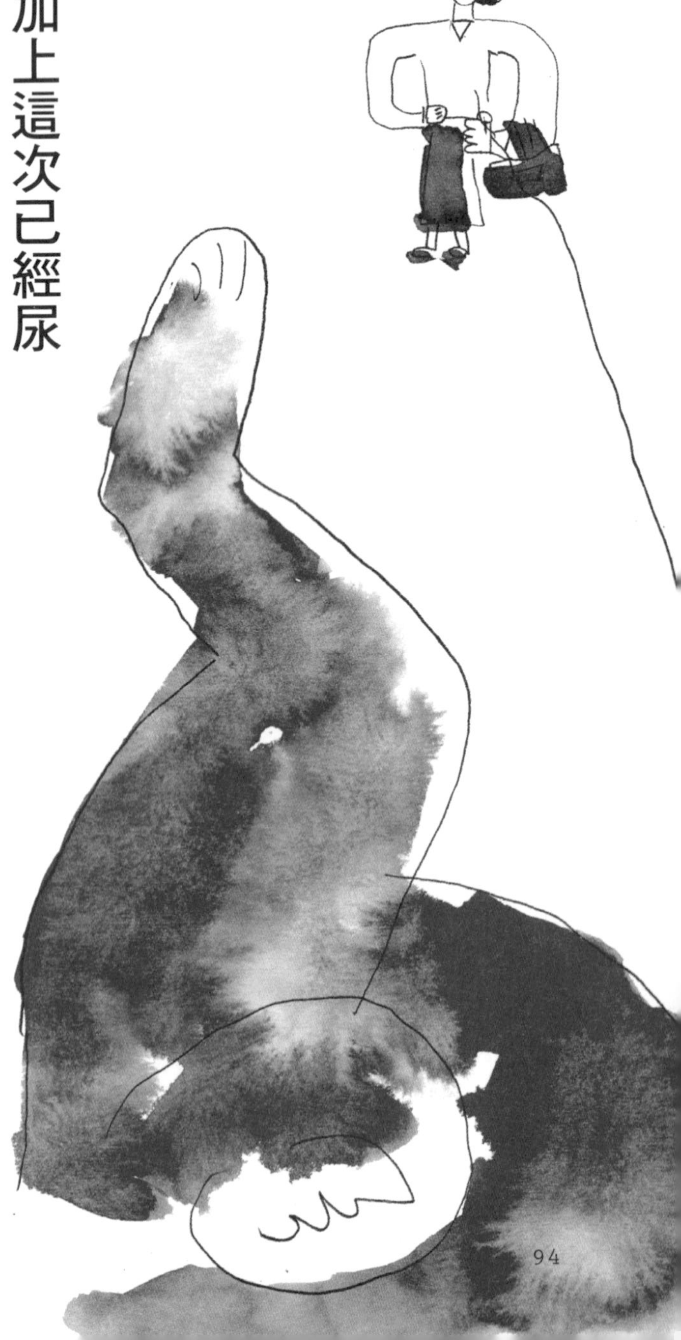

對「明明已經沒有尿可以尿出來了……」可別感到驚訝。「假尿」才真正是和狗兒的自尊心密不可分的呢！

一定要尿出最後1滴！這可是狗兒的自尊心呢！

狗兒本來就很喜歡乾淨，所以會盡可能在散步時把大小便都解放個徹底。因此，在散步時間之前，有不少狗兒會憋著自己的大小便。飼主大概也曾有過帶著愛犬散步途中卻吃驚地看到愛犬尿尿的狀態吧。狗兒因為能夠一點一點地逐漸排尿，所以可以頻繁地作記號。而且狗兒的尿液等同於人類的「對話」，所以看到牠的姿勢後只要想成是「正開心地在對話呢」，便覺得是很可愛的行為呢。

不過，一定也曾看過飼主正認為「應該已經沒有尿能再尿出來了吧！」時，狗兒像硬要擠出尿一般抬起單腳的模樣吧。

有時候，甚至會在尿尿都已經全部尿完後，仔細一看，竟偽裝尿尿般進行著「假尿」的行為……。但是，對牠那種超級拼命的姿勢，飼主八成也很難把「已經沒尿了唷~」說出口吧。

這並不是尿液還沒積存在膀胱，卻先跑一步並舉起腳預備的舉動。而是因為領土意識而反覆地做記號，想要向地區狗兒們誇耀自己才做出來的行為。

雖然從人的角度看來感覺很滑稽，但不惜連最後一滴尿都費盡心力排泄出來，這個舉動尤其對雄性的狗而言是能大量增加自信的。「已經尿不出來的尿」竟然隱藏著如此的競爭關係，真是令人吃驚。

正因為想要慢慢來才更需要確認好安全性

「最毫無防備的瞬間是什麼時候？」

不管是狗兒還是人類，答案都是一樣的。果然都是「排便」的時候。

狗兒在排便前會到處打轉找地點。這是因為對狗兒來說，在排便時確認周圍環境是否「安全放心」是很重要的。

人類也是這樣，有些人在旅行的處所或是別人的家裡會因為緊張等因素而便秘。因為，「排便」的確是個挺緊張的問題。

狗兒的情形則特別需要選擇安全的場所。因為狗兒的排便姿勢必須得把弱點的臀部露出來。要是在這個姿勢下被敵人襲擊的話……。因此狗

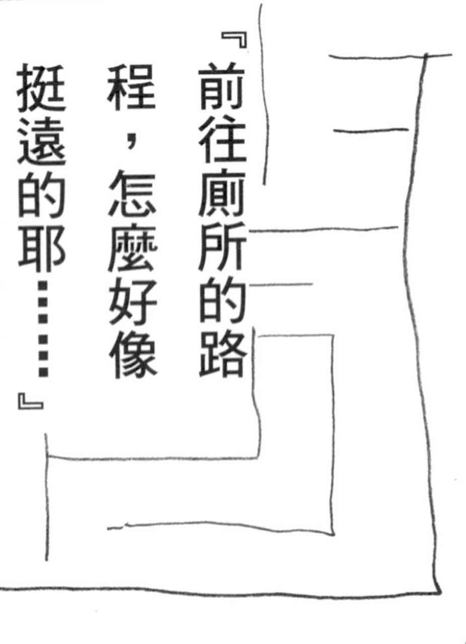

兒為了消弭這種不安，會到處繞來繞去或是嗅氣味，藉以確認周圍的安全。

另外，和小便一樣，為了達到做記號的作用，在找尋到「就是這裡！」的地點之前，也有些狗兒會不斷地嗅氣味。

不過，這個舉動似乎比較常見於年紀較輕的狗兒。成為高齡犬之後，不會像這樣到處繞，似乎只要感覺「想要大便！」，就會立刻排便出來。這大概是和人類一樣，隨著年齡增長而變得更大膽了吧。似乎也有些高齡犬是在從家門踏出那步的瞬間就有想排便的感覺。

露出臀部排便的姿勢，對狗兒來說是很危險的姿勢。要是被敵人襲擊會很危險，所以安全的環境非常重要。

『上廁所途中都沒有平靜的時候呢～』

要做比排便更重要的事情……

應該很少會有徹底排便結束前就起身行走的情形。和人類一樣，對狗兒來說，這樣的狀態是很不舒服的。就像突然感到該不會有什麼緊急狀況發生一樣。

例如「剛開始排便，前方便來了隻認識的狗兒，想要快一點和牠一起玩！」等滿心玩耍的狗兒；或者「來了隻看起來很厲害的狗兒，真想快點從這裡逃走！」等性情膽小的狗兒。

不管是對哪種性格的狗兒，排尿和排便的訓練都不該只在室內進行，在戶外也必須發揮巧思教導牠，讓狗兒養成冷靜的排泄習慣。

例如，散步途中不讓牠隨意排泄也是其中一項訓練。

散步時請務必攜帶裝糞便的塑膠袋和裝了水的寶特瓶。若狗兒尿尿了，請用水把道路沖洗一下。也請切記勿讓狗兒在他人家門前大小便。

飼主必須選擇安全放心且不會造成困擾的場所，搭配「可以囉！」等用語來代表「可以排泄喔！」的意思，以這樣的方式訓練牠。

當牠確實照著飼主說的完成後，最好能誇獎牠或獎勵牠。相反的，要是牠沒有在指定的場所排泄也不要責罵牠，要有耐心地繼續嘗試。

或許有許多人認為「至少在外出時，想讓牠自由排泄」，但是考慮到現在都會住宅的情形以及糞便放置的問題等，與其讓牠在其他人家的玄關前撒尿，或是讓狗兒在沒有冷靜下來的場所排便，善加選擇地點應該可說是較適切的方法。

『你是要擦屁股的那種類型嗎?』

不是啦!是因為我的屁股很癢，你能幫我檢查一下嗎?

狗兒用臀部在草地上一邊磨蹭一邊前進，或是用臀部磨擦地墊像是在擦拭肛門般，看起來好可愛。

不過，這極可能是因為肛門囊（位於肛門左右側會流出分泌物的囊袋）中有分泌物堆積，造成肛門發癢，才使狗兒在地面上磨蹭臀部。

初次見面的狗兒會互聞對方的臀部氣味，藉由確認肛門的分泌物來辨別對方的厲害程度等。

不過，如果放任分泌物繼續累積而不處理的話，肛門囊將會化膿或引起發炎症狀，甚至也有可能出現破裂的情形。

大型犬當中，有些狗會在排便時一併把分泌物

排泄出來，但小型犬和中型犬沒有擠壓出分泌物的力量，需要飼主幫牠們擠壓才行。

飼主可將狗兒的尾巴提起來，用大拇指和食指稍微掐住肛門的左右處，輕輕擠壓出裡面感覺是異物的分泌物。如果進行地不順利，最好能帶去醫院請醫生協助。

另外，分泌物非常臭，而且在擠壓時會往前飛濺出來，所以請用衛生紙或紙巾蓋在上面阻擋後再擠壓。幫狗兒洗澡前最好也能順便幫牠擠出分泌物。

當狗兒不停地磨蹭臀部，或是刻意去舔臀部時，都可能是感覺搔癢的徵兆，請幫愛犬好好檢查一番。

以為是有趣的舉動而放任不理的話，將可能導致惡化！最好能帶牠去一趟醫院好好檢查。

『你從何時開始變成素食主義者啦?』

好像有點反胃……肚子感覺不舒服

散步中，愛犬無心地大口嚼起雜草來……。有些人可能認為「該不會是像牛一樣吧?」而沒有多留意。

不過，狗兒雖然不完全是喜愛肉食的雜食動物，但仍然不會以吃草當作主食。那麼，究竟是為什麼偶爾會吃草呢?

關於這點，可大略提出兩大理由。

其一，是狗兒的腸胃狀況不佳。狗兒會在感覺反胃時，以吃草的方式來代替人類使用胃藥的作法，藉此調整腸胃的狀況。另外，似乎也會以吃雜草來取代蔬菜，作為用來消化食物的酵素。

大量吃草的狗兒胃的狀態可能會不太好。必須要好好檢視狗兒飲食的內容！

附帶一提，狗兒經常會把自己身體無法消化的東西試圖吐出來。

這和「嘔吐」不同，稱為「反芻」。除了為了調整胃的狀態會吃草後再吐出來以外，吃太多或吃太快也可能會吐。

第二個理由，則是喜歡草的口感，或是為了填飽空腹才去食用。不過，草沒有徹底消化而直接變成糞便排出的情形也很常見。

不管如何，道路或公園的草可能都有撒上除草劑等化學藥品，若有餵草的必要，最好給牠另外購買的草比較安全。

『亂撿東西吃，真沒規矩！』

貪吃嘴饞，和教養的好壞沒有關聯。如果狗兒亂撿東西吃，請先冷靜地對牠做出「吐出來」的指示。

貪吃嘴饞，是可悲的野生本性。

散步中的狗兒，一下子到那頭聞啊聞，一下子來這頭嗅啊嗅，有時候還會忽然「再去嗅一次那個味道好了？」而返回去聞啊聞……。只要路上有掉落些什麼，狗兒會好奇地「這是什麼啊？」而遲遲無法前進。

如果只是聞聞味道倒還沒事，但是當飼主稍微沒注意，狗兒便趁這個空檔一口把地上的東西吃進肚裡。就算飼主這時慌亂地要牠把東西從口中吐出來，也已經為時已晚。也有不少狗兒不僅不把東西吐出來，甚至已經直接吞下去了。

飼主容易陷入「難道是飯給得不夠？」、「就像是都不給牠吃飼料一樣，好丟臉……」的思維，但是狗兒把眼前的東西放入口中的習性，其實是狼時代的野性本能。

原本，因為不知道究竟什麼時候能吃到東西，所以只要一看到疑似能吃的食物，例如冰棒棍或香菸頭等，都會放進嘴裡。一旦放進口中就不會打算把它吐出來，所以在散步中最好不要讓狗兒接近有掉落物品的地方。

如果飼主慌張地想試圖從狗兒口裡取出牠吃下的不明物質，狗兒可能會誤以為是在玩耍而更加抗拒。要讓狗兒不再亂撿東西吃，必須從日常生活中練習「吐出來」的指示。

具體來說，可以先給牠看看點心，然後做出「吐出來」的指示，如果狗兒確實照著飼主說的做，就把點心給牠並誇獎牠。

我想照著自己喜歡的方式散步

狗兒在散步途中經常會忽然停住不動。如果只是感覺累的話，稍作休息後就會再繼續走，但另外還有其他一些理由。

其一，狗兒是嗅覺敏銳的動物，所以若從接下來將要前往的場所感受到不尋常的「氣味」時，會暫時佇立觀察情形。

另一點，推測是飼主打算前往的散步路線，是狗兒不喜歡的場所。理由有很多，例如仔犬時期曾在那條路線上被別的狗吠叫過，或是曾被該處施工發出的巨大聲響嚇到等恐怖經驗所造成的心理創傷。

這種情形下，可以先依偎在狗兒身邊，對牠傳達「要不要休息一下啊？」等感覺，並製造出

『怎麼突然停住？難道你想變成擺飾品嗎？』

若狗兒在散步中停止前進，請先觀察牠的狀態並掌握原因。要是牠在散步的時候任性，則必須重新訓練牠。

放鬆的氣氛後，狗兒應該就會再度往前走了。

當狗兒稍微踏出了一點步伐就誇獎牠，這樣狗兒就會一點一點地往前進了。如果牠無論如何都不願意前進，或許換個路線會比較合適。

另外，也可能會有狗兒認為「散步時想要照自己的意思走」而刻意不前進的情形。這時用力拉扯狗鍊勉強牠前進會是反效果。

飼主可以不要拉扯狗鍊並站在該處不動，等待狗兒自己開始前進。狗兒應該會發覺「飼主的模樣和平常不一樣喔！」而把注意力轉向飼主。

『我的小公主，你累了嗎？』

狗兒基本上都是愛撒嬌的，不自覺地會來要求你抱抱的

散步中，有些狗兒會來到飼主腳邊撒嬌要求抱抱，或是飼主稍微彎下腰蹲伏，就馬上認為是「抱抱！」而跳上飼主的膝蓋。

這種現象大多出現在小型犬身上，甚至在不經意間養成了「習慣要抱」的性格。例如散步中不想走了就抱抱、被大狗吠叫了就抱抱、有不認識的人跟著跑來就抱抱……。

因為小型犬的體重很輕，不知不覺就在有任何狀況時抱起哄牠。一旦抱起牠，乍看之下狗兒也看似平靜下來，但這並不是解決問題的行動，頂多只算是迴避的做法。

如果這樣的狀態一直持續，狗兒會認為飼主能

抱在懷裡是溝通的一個方式，但是被抱得太習慣會導致放任的性格，最好適可而止。

立刻滿足自己的要求，倘若逐漸助長這種情形，最後會培養出狗兒任性的性格。尤其是在抱著時，若有其他人想要撫摸牠，牠就發出低嗚或咬牙等舉動時，飼主必須特別注意。

因為牠或許把自己認為是「公主殿下（或是王子殿下）」了。喜愛抱抱的狗兒，有可能根本沒有把自己當成是狗。和大型狗擦身而過時，也要有耐心地讓牠「坐下」、「等一下」來冷靜情緒。

不過，抱抱並非一定是不好的，這也是一種非常重要的肌膚接觸。仔犬時期要多抱抱牠，觸碰牠各個部位，讓牠能習慣且不討厭被觸摸，這一點是很必要的。

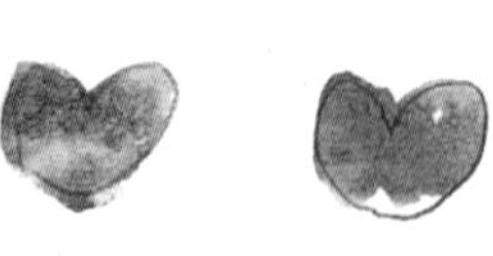

散步是狗兒和飼主的甜蜜時光

狗兒真的非常喜愛散步。每天都滿心期待飼主帶著牠散步。飼主只要稍微有點動作時，狗兒便以充滿期待的眼神心神不寧地想著「要準備去散步了嗎？」，雖然有點惱人，卻又非常可愛。

散步的作用對狗兒來說不僅是適度的運動，也是對領土的巡視，更是可排泄的時光，屬於非常大的「樂趣」之一。

在行進的街道上觀看各式各樣的景物或是聞嗅各種氣味，都能對單調生活的狗兒帶來非常好的刺激。而且也和人類一樣，運動身體能夠消解狗兒的壓力。

最近偶爾會看到飼主把狗兒放在腳踏車上，或

對狗兒來說，散步是和約會一樣快樂的事。用腳踏車載牠繞一繞就草草結束，是很失禮的喔！

是慢跑時順便讓狗兒散步。

然而，移動中不穩定的腳踏車對狗兒來說是很可怕的，而且在腳踏車上也無法聞嗅氣味，反而容易積存壓力。

散步不單單只是運動而已，也是狗兒和飼主親密溝通的重要時刻。藉由行走同時的眼神接觸，能夠感覺和飼主成為一體。最好能配合狗兒的步調好好散步。

狗兒很怕熱，所以夏季的散步最好選在早晨或夜裡等較涼爽的時刻。另外，最好不要讓牠養成雨天散步的習慣，讓牠在無法出門散步的時候也能不積存壓力地平靜度過。

『這是狗社會的儀式嗎？』

聞嗅臀部的氣味，就能得到對方是哪種狗的各種資訊喔！

不認識的狗兒彼此相見時，會互相聞嗅對方的氣味，這樣的光景應該是相當常見的。特別是有時候聞嗅臀部周邊的氣味花費了不少時間。

一般來說，狗兒能透過位於肛門周圍的肛門囊所排放的分泌物氣味，得知對方的性別、年齡、居住地、以及能力強大程度、甚至是性格。

若由人類來聞，就只是猛烈的臭味而已，但是肛門囊的氣味，卻如同是人類商業社會場景中所謂的交換名片這樣的東西。應該可說是對對方表示友好的儀式。

只要對方沒有表示出討厭，就請不要勉強拉開牠們，把這個行為想成是互相打招呼般在一旁

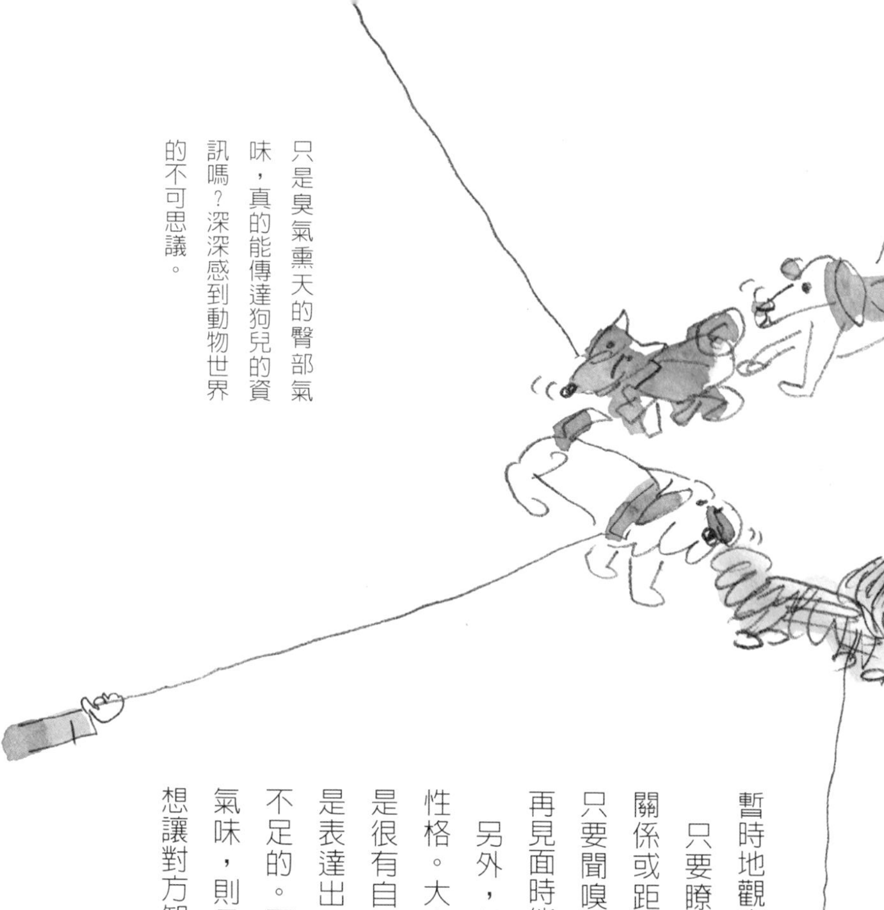

只是臭氣熏天的臀部氣味，真的能傳達狗兒的資訊嗎？深深感到動物世界的不可思議。

暫時地觀察守護牠們吧。

只要瞭解了對方，就能很容易地掌握住上下關係或距離感，可以很快地變成好朋友。狗兒只要聞嗅過一次的氣味都不會忘記，所以下次再見面時能立刻知道對方是認識的。

另外，從互相聞嗅對方也能稍微瞭解狗兒的性格。大方地讓對方聞嗅自己臀部氣味的狗兒是很有自信的。相反的，垂下尾巴隱藏臀部或是表達出厭惡的狗兒則可能是害羞膽小且自信不足的。兩隻狗繞圈般地試圖聞嗅對方臀部的氣味，則是「雖然想知道對方的底細，但不太想讓對方知道自己的背景」等互相試探的狀況。

認為狗兒沒有同伴會很寂寞的，只有人類而已

若從人類的感覺思考，會擔心狗兒要是沒有同伴應該也會寂寞吧。但是實際上，如果有能和同伴們開心玩耍的狗兒，必然也會有警戒心強或只低鳴吠叫完全不跟著玩耍的狗兒。

一般來說，仔犬時期有親兄弟一起生活的狗兒，因為狗兒社會的規則秩序已經內化，所以能順利自然地和其他狗兒友善互動。相反的，仔犬時期立刻和親兄弟分離的狗兒，在接觸其他狗兒時會不知所措，並因為內心的緊張或害怕而吠叫，或反而過度興奮地鬧著對方玩而被怒斥。不管是牠在吠叫還是被其他狗兒吠叫，飼主都請不要驚慌、安靜地度過吧。

狗兒之間鬧著玩的景象在人類眼裡看來是非常愉快的，但是也沒必要勉強狗兒玩在一起。狗兒原本就是謹慎的動物，除了自幼熟悉的家人和狗同伴以外，幾乎不太會和其他人物熟稔。

而且，如果有「喜歡和同伴玩耍」的狗兒，就必然也有「自己一個人玩也很開心」的狗兒。狗也是一樣會有「和那隻狗挺不對盤、氣場不合」等感覺的。

飼主的「沒有同伴好可憐啊！」的想法，從狗兒的角度來看，或許只是多此一舉呢。

『嚴禁穿鞋，我熱得很！』

我其實是很討厭擦腳的，但因為主人會誇獎我……

散步回家要進門時，只要是室內犬，似乎有些狗兒會把腳伸向飼主。這樣的狗兒雖然很罕見，但這應該是從仔犬時期的散步開始，飼主會在散步後幫牠擦腳，而讓牠學習到從外面回家後「要擦腳」並養成了習慣。散步後擦腳並非只是把腳上的髒污弄掉，也是確認肉球間是否有卡入小石頭或肉球有沒有受傷等身體檢查，是一個很好的習慣。

然而，大部分的狗兒都不喜歡擦腳。這是因為腳尖是狗兒容易敏感的部位。其他還有耳朵的頂端、鼻尖、大腿內側附近、尾巴的頂端等，都是狗兒不喜歡被碰觸的地方。

平常沒有被碰觸的腳尖突然被用力地抓起來擦，狗兒會感到緊張有壓力。或許也有些狗偶爾會裝作要低鳴或作勢要咬人的模樣。這不是要顯示自己高於飼主的優越性，只是單純因恐懼而出現的行為。只要狗兒表現出作勢咬人的樣子而飼主就因此停止擦拭的話，狗兒便會學習到這是個有用的辦法而容易經常表現出要咬人的模樣。

因此，必須先讓狗兒認為擦腳是件很舒服的事，然後輕柔地擦拭牠，如果牠乖乖地接受擦腳就大大地誇獎牠。至於把腳放入洗手台沖洗的方法，要是沒有徹底把水分擦乾淨，容易引起皮膚方面的問題，必須多注意。

自己把腳舔乾淨才進家門的狗兒，真是名符其實的乖孩子！

COLUMN 2

只有我家是這種情況嗎？

狗兒的散步情事

狗兒在散步中似乎有各式各樣的癖好，最讓飼主煩惱的當屬拉扯狗鍊的癖好。有耐心地訓練後（參照144頁），令人吃驚的是討厭散步的狗兒增加了。飼主訓練後反而討厭散步的幾乎是小型犬較多。例如，抱著牠或是讓牠一直乘坐在推車裡的話，狗兒會不習慣地面的觸感而變得討厭走路。如果是膽小的性格，甚至可能會對其他的狗產生恐懼心。一開始可以選擇人較少的時間，就算牠不走路也把牠帶出門，好好地教導牠外面的世界是很有趣的。

去獸醫院時，意識到「嗯!?這不是去散步？」而感到討厭的狗兒也似乎很多。這應該是從和平常走的路不同以及飼主的緊張感判斷而來。

CASE-1

放屁的犯人是……？

散步途中發出的「噗」聲……。狗兒也是會放屁的。感到心情放鬆或是腸在蠕動應該都會放屁。似乎也有些狗兒對自己的屁這麼臭而感到震驚喔！

CASE-2

對認識的視而不見

這說不定是因為不太喜歡這個認識的對象。狗兒是很單純沒心機的，所以對沒興趣的對象便自然視而不見了。

CASE-3

搖屁股的夢露犬

經常能在散步時，看到像柯基犬那樣的短腿狗，一邊搖著屁股一邊像瑪麗蓮夢露那樣走路。散步時，光是看著牠有節奏地搖晃著屁股的背影，就覺得好有療癒感啊！

『既然這麼愛睏就去睡啊……』

幾乎一整天都在睡的狗兒，也還是會有不管怎樣都想醒著的時候。

狗兒也一樣會有明明很睏卻不願意去睡的時候喔！

以坐姿狀態迷迷糊糊地，沒有支撐著身體，軟趴趴地往前趴臥著。這副明明看來很睏卻忍著不睡的姿態，猶如小孩子般耐著性子不肯睡一樣，令人莞爾一笑。狗兒似乎也和人類一樣，也有「想睡卻不肯睡」的時候呢。

例如，明明已被睡魔侵襲，卻因為在意「期待等一下的餐點」或「有客人來，我得保持警戒！」等事情而不得不維持清醒的狀態……。

另外，也經常是因為「家人們似乎都正開心地醒著，我也還不睏啦……」等情形。這應該是因為看見家人愉快團圓的模樣，而自己也想加入其中吧。

不過，狗兒其實經常在睡覺。就算牠早上和飼主同時起床，整個白天依然是無所事事地一直睡。以人類的角度來看，會認為是「只是一直在睡覺好像很悠閒，但你這樣開心嗎？」，正因為這是沒必要的反而讓人擔心。

狗兒連成犬也幾乎一天中會睡個半天，或者睡得更久。仔犬則一天中幾乎會睡上18～20個小時。經常睡覺，是狗兒消弭壓力的方法之一。

另外，狗兒的睡眠當中，有八成是屬於快速動眼睡眠（Rapid Eye Movements Sleep，REM sleep）的淺眠狀態，白天只要一點點聲響就會醒過來。這一點，或許是牠注意周邊是否存在危險的原始野生習性吧。

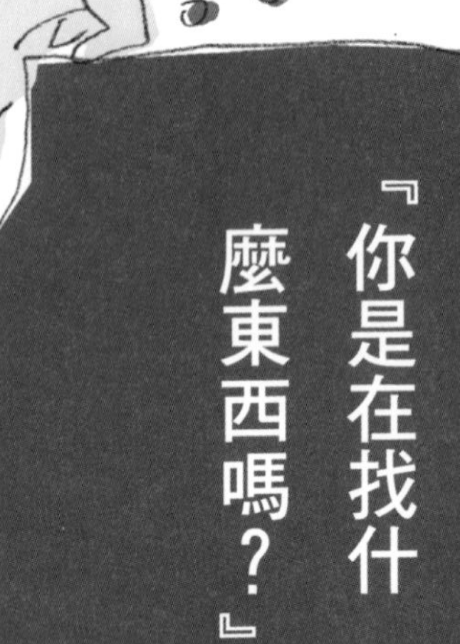

『你是在找什麼東西嗎？』

宛如說了聲「挖這裡！汪汪！」而認真挖起洞穴的狗兒。對狗兒來說，洞穴是能夠撫慰心靈的場所。用毛毯照樣地製作出舒適的空間吧。

因為狼時代留下的習性所以才自己整理睡床啦

明明已經幫愛犬在睡床上鋪好毛毯，結果牠在睡覺前，又像是挖洞一般把毛毯弄得亂七八糟……，這樣的景象是否似曾相識呢？

雖然對「好不容易才幫牠鋪好……」而感到失落，但這個類似惡作劇般的舉動，其實算是牠承繼自野生時代的習性。

狼為了不要讓外敵得知自己的居所或避免被外敵襲擊，而必須頻繁地變換巢穴。因此，睡前挖掘洞穴、自己整理睡床、在周邊繞來繞去等，都是為了確認安全之故。

另外，牠們或許也和人類一樣，會拉扯毛毯來製作出自己最好睡的狀態。

例如把毛毯弄成圓形狀可以確實和腹部服貼，或是讓毛毯縐巴巴的比較能安心等等各有各的喜好，也可能是牠們睡前的一種儀式。

再者，一拿洗乾淨的毛毯替換掉已經弄髒的毛毯後，狗兒拼命地在上面磨蹭自己的身體。或許會感到「好不容易才換上洗乾淨的，怎麼馬上又沾上氣味……」，但沾上自己的氣味卻是狗兒的本能。這應該是類似彰顯領土的行動，宛如宣告「這條毛毯是我的！」而標注上自己的記號吧。

無論是哪種方式，狗兒也非常喜愛在蓬鬆柔軟的毛毯上入睡，所以把毛毯弄皺的事情就請睜一隻眼、閉一隻眼，幫牠準備好毛毯牠一定會非常高興的。

啥？我有做了什麼嗎？我昨天做了個好夢喔！

發現狗兒在睡眠中不停地移動著腳，或是拉扯沙發的景象，感到非常驚訝。想著「是不是做了夢啊？」而稍微觀察了牠一會兒後，看見牠露出一副好像很幸福的模樣。據說也有些狗兒會在睡夢中一邊發出喃喃聲音拼命地跑。

真正的狀況不問狗兒將沒辦法得知，不過一般來說，狗兒也是會做夢的。人類會以90分鐘的間隔不斷重複快速眼動睡眠（Rapid Eye Movements Sleep，REM sleep，即「淺眠」）和非快速動眼睡眠（non-Rapid Eye Movements Sleep，non-REM sleep，即「深眠」），但狗兒會以更短的間隔重複這兩種睡眠模式。

『到底是做了什麼夢啊？怎麼動成這樣……』

在睡夢中不停地動著腳時，說不定就是在夢裡化身成為競賽馬正迎風奔馳著呢！

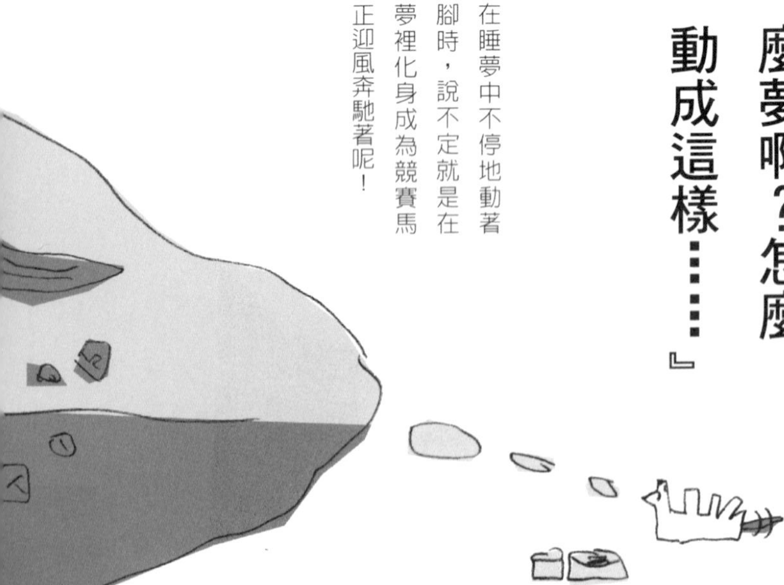

推測狗兒和人類一樣，會在腦部甦醒的淺眠狀態時做夢。當狗兒在睡夢中看起來很開心地動著嘴巴時，說不定就是夢見自己正在吃喜愛的食物呢。

另外，牠們也和人一樣會打鼾。有時候狗兒打鼾的程度甚至讓人疑惑「你是人啊？」，但是牠們不會有像人類那種習慣性的，或是無呼吸症候群的鼾聲。鼾聲稍大的狗兒若以呼—呼—的模樣，按一定的節奏打鼾，飼主聽到這鼾聲也會感覺平靜。

同樣的，狗兒也會說夢話。半夜聽到「姆呀姆呀……」等奇怪的聲音而起身查看，發現睡得很香的狗兒……。真是下意識地想緊緊抱住牠呢！

COLUMN 3

只有我家是這種情況嗎？

狗兒的睡相七變化

人類的睡相中，有仰躺型、側躺型、趴睡型等。狗兒也和人一樣，會以自己感覺舒適的「形式」入睡。白天睡午覺時，以仰躺方式把肚子全露出來睡的狗兒似乎也很多。狗兒露出自己的弱點（肚子）睡覺，是表示自己非常有安全感。尤其是小型犬和仔犬的身體有可愛的厚脂肪，手腳也比較短，所以就算以仰躺方式入睡也很容易穩定。但若是體型較大的狗兒，因為臀部比較寬，仰躺會給人一種沒規矩的感覺……。另外，神經質又敏感的狗兒似乎不會採用仰躺的方式入睡。無論是仰躺或側躺，狗兒都會以自己最放鬆舒適的姿勢入睡，所以不管牠們是以何種姿勢入睡都不必擔心。牠們和人類一樣，也會有睡相好的與睡相差的個別差異。

CASE-1

人類的「大」字形 是狗兒的「匕」字形

忽然碰地一聲直接側身躺下，並伸長腳入睡的類型。採取人類所說的「大字形」，看起來舒服極了。

CASE-2

把身體捲縮起來抱著鼻子

寒冷季節時，也有些狗兒會蜷曲著身體抱著鼻子般入睡。尾巴也捲起來遮住臀部保護。

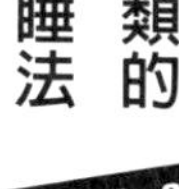

CASE-3

宛如人類的仰躺式睡法

手腳關節柔軟的仔犬和小型犬，可以伸長手腳仰躺入睡。

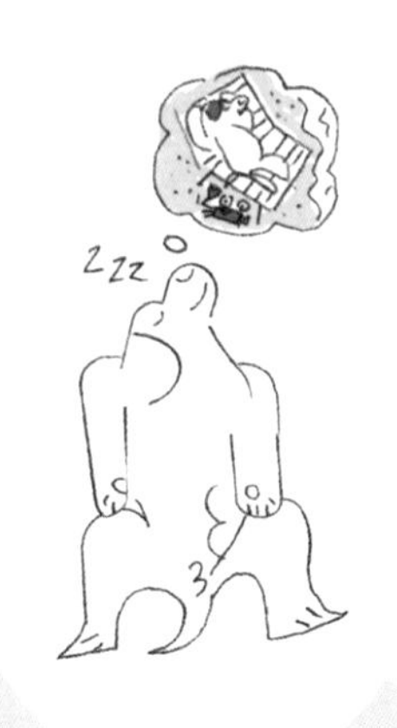

『已經變成老奶奶了嗎……？』

不知何時開始，竟變得比你還老，耳朵也越來越聽不清……

狗兒成長的速度比人類快許多，因此老化的速度也比人類快。一般來說，最初的一年是人類的17歲，兩年則成長到24歲，之後則是以逐年增加4歲換算。到15歲時已成為名符其實的老爺爺、老奶奶。而且，大型犬的老化速度比小型犬更快，也有比較短命的傾向。

被稱為幼形成熟的狗兒無論成長到幾歲都會維持著孩子氣般的性格，所以飼主也不自覺地忘了狗兒已經老了。然後，某天忽然注意到回家後也沒立刻發覺的已往生的愛犬。就算呼喚愛犬的名字，牠也不再四處張望般往不同的方向瞧，那對可愛的耳朵也不再微微地上下擺動。

這很明顯是老化的徵兆之一。呼喚牠的名字也無法判斷聲音來源，或是聽不見而毫無反應等現象也逐漸增加了。對於警笛或打雷等極大聲響也開始沒有反應。

另外，碰撞到家具等的情形也會增加。狗兒原本視力就沒有特別出色，主要是仰賴聽覺和嗅覺，而年齡增長後眼屎還會變多，容易因乾燥而引起發炎。如果白內障或青光眼等眼睛疾病出現或更加惡化的話，也可能會有失明現象。若感覺愛犬稍有異常，請帶牠前往醫院進行適當的檢查或處置。

看顧狗兒的狀況也是飼主極重要的工作。年齡增長的狗兒會變得寂寞，請盡可能多多陪伴牠。

雖然也不太想去散步，但為了維持體力，
拜託你帶我去吧！

對任何事都感興趣又好奇心旺盛的狗兒，年齡增長後也會興致淡泊，對任何事物毫無興趣。因為聽覺、視覺、嗅覺等感覺能力衰退，也不再展現出迅速反應，對最愛的吃飯和散步等反應也逐漸變得遲鈍。

牠的心臟變衰弱、關節也變差，若在有高低差的地方稍有躊躇，便可能跳不到沙發等較高的地方。

就算牠不太想去散步、對散步的興致降低，依然和人類的老人一樣，為了維持肌力和體力而需要適度的散步。可以縮短散步的路程，並且避免坡道或樓梯較多的路線。

『因為，這是每天都要做的事嘛！』

因為老狗容易累，請以緩慢的步調配合牠。而且老狗怕冷，冬季可選在下午較暖和的時間帶牠外出。

以往不會隨便吠叫的狗兒也可能開始亂叫。這是因為老化造成無法辨識周圍的狀況，而引起極大的不安與寂寞導致。如果是飼養在屋外的狗兒，讓牠進到室內可以使牠感到安心。

另外，如果有老年癡呆的症狀會使日夜生活顛倒，可能會有半夜鳴叫的現象。這時，可利用在白天帶牠外出散步等方式，盡可能地延長牠在白天清醒的時間長度。增加肌膚接觸和消弭不安情緒也都非常重要。

散步時請配合年邁老狗的步調。和老狗悠閒地度日也是極幸福的時光。

『能與你相遇，我真的感到非常開心喔！』

和愛犬共同的回憶是永恆的寶物。向同樣擁有寵物的飼主訴說心情，好好的哭一哭，釋放自己悲傷的情緒吧！

想哭就哭吧！
能生為你的狗，我感到很幸福喔！

狗兒的一生約10年至15年。開始飼養狗兒後必須留心的一點，是狗兒會比飼主先離世的這件事。從狗兒又小又可愛的時候開始養牠，一直陪伴牠到垂垂老矣的階段，這不僅是飼主的特權也是責任。

年老衰弱的狗兒說不定也知道自己已不久於人世。所以當牠出現不去散步、不吠叫、不吃飯等外表看來身體狀況不佳的情形時，請做好牠即將往生的覺悟。

常聽人說狗兒在死亡前會吠叫一聲，或許就是在傳達「謝謝你」、「我過得很幸福」等訊息。

心愛的愛犬死亡的悲傷是無法數算的。有些飼主可能會有「要是我能多陪陪牠的話就好了……」、「要是我為牠多做一點牠就不會死了……」等罪惡感。這些悲傷和痛苦都是必然的。

請接受自己有這樣的感情，想哭就哭吧！

如果一直否定這種悲傷，反而會陷入悲傷的「喪失寵物症候群（pet loss syndrome）」情緒中無法脫離。

可以試著和家人聊聊有關愛犬的回憶，或是和同樣有失去寵物經驗的人談一談。憶起往生的愛犬而感到悲傷，一點都不會不好。

超萌部位
圖鑑
了解更多的狗兒魅力

背影

沒意識到是圓滾滾的臀部和被看光的肛門直覺就想一把抱上去！

毫無防備的背影，那無關性別、惹人憐愛的可愛模樣實屬超群。例如散步時的背影。一看到牠搖晃著臀部走路的樣子，簡直可愛到令人想要咬上一口。使勁排便時微微顫抖的姿態也令人會心一笑。特別是柴犬等犬種會把尾巴翹起來，牠們那露出肛門的臀部真是極致！對人類而言，真是有點尷尬又感到可愛的部位呢！另外，蹲坐著等待某位家人時的背影，散發出一股既孤獨又寂寞的哀愁，也是令人胸口一陣激動呢。

伸出舌頭時、打完哈欠後最具魅力的所在

狗兒打哈欠時，或是「哈ー哈ー」般伸出舌頭時顯現出來的野性犬齒，也是讓愛狗人士瘋狂的超萌部位之一。一瞥見犬齒的模樣，就像是看到人氣偶像露出虎牙般微笑的樣子而感到不可思議。

狗兒為了在吃肉類等食物時撕裂食物，所以上下排各有兩顆銳利的犬齒。在黑色嘴唇間展現出的白牙也令人格外感到可愛。另外，據說狗兒刻意露出牙齒時，如果露出的是上排的牙，是表示「討厭」；露出下排的牙，則表示「喜歡」。

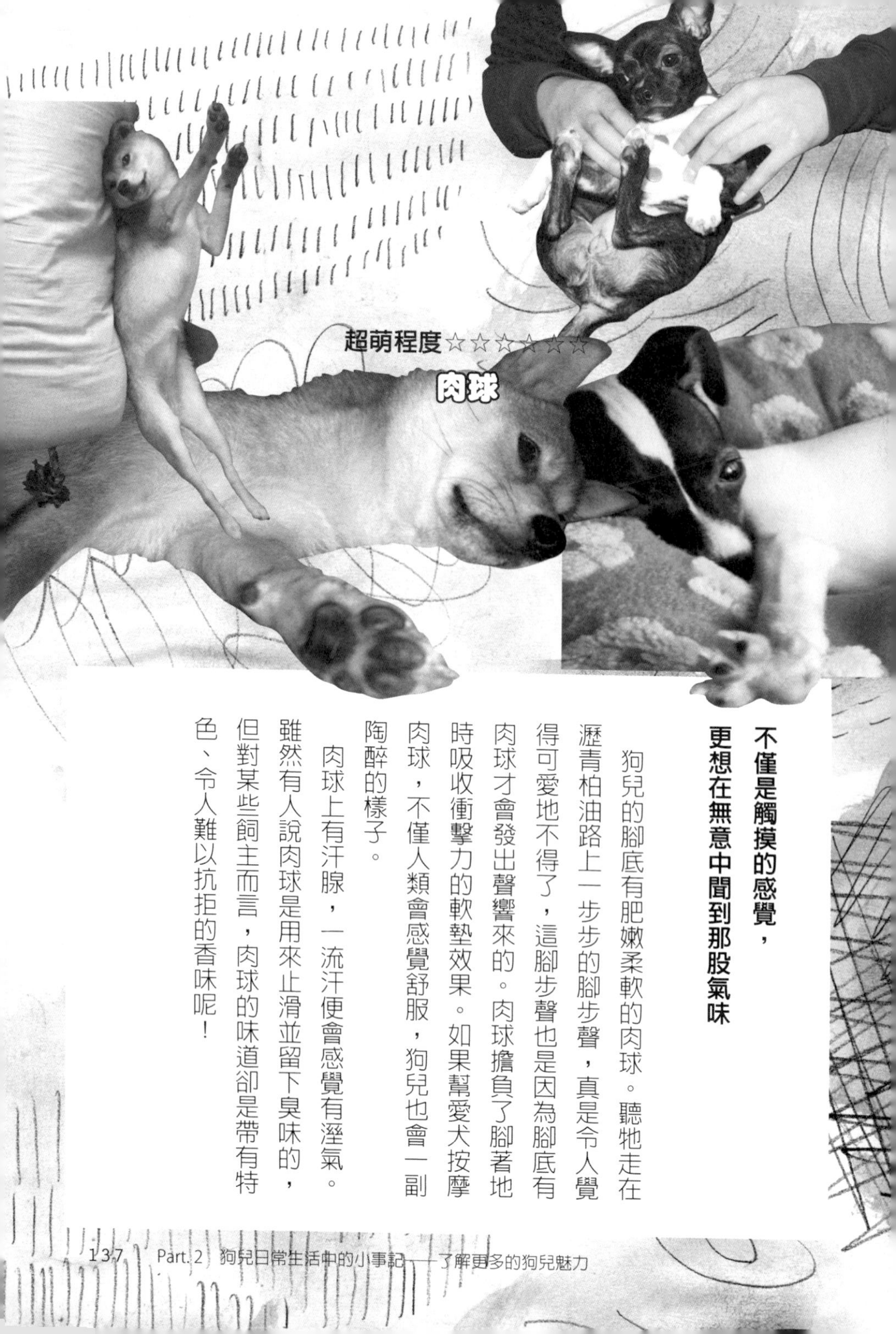

不僅是觸摸的感覺，更想在無意中聞到那股氣味

狗兒的腳底有肥嫩柔軟的肉球。聽牠走在瀝青柏油路上一步步的腳步聲，真是令人覺得可愛地不得了，這腳步聲也是因為腳底有肉球才會發出聲響來的。肉球擔負了腳著地時吸收衝擊力的軟墊效果。如果幫愛犬按摩肉球，不僅人類會感覺舒服，狗兒也會一副陶醉的樣子。

肉球上有汗腺，一流汗便會感覺有溼氣。雖然有人說肉球是用來止滑並留下臭味的，但對某些飼主而言，肉球的味道卻是帶有特色、令人難以抗拒的香味呢！

一觸摸，發現它水潤潮溼
光滑的鼻子是有朝氣的證據

狗兒的鼻子大多是濕潤且閃耀著光澤的。就像是人可從嘴唇的濕潤程度看出是否健康一般，狗兒的鼻子也同樣是濕潤的看起來比較有精神。事實上，當狗兒身體狀況好的時候鼻子上會帶有溼氣，看起來也比較有活力，身體狀態不佳時則鼻子也呈現出乾燥的情形。

另外，如同濕潤的衣服比較容易沾上氣味一樣，鼻子潮濕的時候較容易捕捉到氣味分子。因此，感覺到食物的氣味時，狗兒會先用舌頭舔一下鼻尖，可以因此聚集更多的氣味分子。

超萌程度☆☆☆☆☆

擺動的耳朵

為什麼能讓耳朵這樣擺動呢？你的柔軟度真是超群卓越呢！

大多數的狗兒都有柔軟的耳朵，能夠自由自在地擺動耳朵。要是聽到有什麼東西的聲響，就算已入睡，耳朵也依然會朝聲音的方向移動，或是一被呼喚名字，便立刻豎起耳朵。這是為了更容易捕捉到聲音，而在耳朵聚集聲音之故。

另外，狗兒會用擺動耳朵來表現情感。尤其令人感覺可愛的，是當牠被飼主責罵時，像是不停說著「對不起嘛！」般讓雙耳下垂的模樣。這是表現出服從或不安的意思，真是令人想不加思索地原諒牠呢。

超萌程度☆☆☆

項圈上出現的胖嘟嘟臉頰

不由得想拉扯狗鍊……那可愛的模樣令人興奮！

狗兒脖子上會掛著項圈，如此一來，脖子的皮就和毛被擠壓在一起，宛如雙下巴般的鬆垮模樣。在這超可愛的樣子下，就算試著拉扯牠擠壓出來的鬆垮臉頰，牠也幾乎是看來若無其事地，一點都不會痛……。相反的，若是用雙手捧著牠的臉頰，應該會看起來像是在對愛犬承諾吧。

尤其是鬥牛犬（Bulldog）原本的皮就有很多皺褶，脖子周圍更是充滿了鬆垮感，但這說不定是為了在弱點（脖子）被咬住時能讓對方的犬齒不陷入自己肉裡的一種保護構造。沒想到，其他的狗兒或許也是如此呢。

Part. 3

想告訴你的處世秘法

『你突然站起來會讓人嚇到的啦！』

牠難得前來迎接我，實在讓我很開心，但是飛撲的行為我只好勉為其難裝做不在乎。這是為了讓牠不再隨便撲向他人的一大步。

飛撲是狗兒的習性，不可以飛撲時，請禁止牠！

在散步中朝通行的人飛撲上去，首先，可說是「教養訓練有問題！」。的確，狗兒有飛撲的習性。牠們的狼祖先，會由母親吐出咀嚼過的食物，來餵食離乳期的小狼。

小狼會舔食母親的嘴，表示「我還要吃，再多給我一點」的意思，因此狗兒舔食人類的嘴或是為了舔食而飛撲過來都被認為是先天的野生習性。

然而，經常聽到狗兒使飛撲對象跌倒或受傷的情形。尤其是大型犬的飼主，對狗兒飛撲的相關教養訓練必須格外注意。

首先，必須訓練狗兒在家裡出來迎接飼主時不可以飛撲上來。就算狗兒興奮地飛撲過來也

盡量忽略牠的行為，等牠冷靜下來後再輕輕撫摸牠，教導牠飛撲不是什麼好事。

另外，有時候也會撲向其他的狗兒。當中可能有攻擊、性衝動、遊興盎然等各式各樣的理由，但不管是哪個原因，這個行為都是處於非常興奮的狀態。飼主只是接近狗兒，便下意識地表現出「要是被咬了該怎麼辦？」的警戒反應，狗兒感覺到飼主的緊張後，自己也會呈現出緊張狀態。

飼主必須先冷靜下來，避免刺激狗兒，最好能在一旁觀察、守護牠。要是狗兒試圖飛撲出去，請不要強硬地拉扯狗鍊，可以先呼喚狗兒的名字，如果狗兒聽話過來了就好好地誇獎牠。千萬別忘了平常就要經常做召回（參照187頁）的教養訓練。

你要是一直拉我，
我也會開始拉你……

散步時，有時候正以為愛犬很冷靜穩定地走著，牠卻突然扯動狗鍊，讓飼主嚇了一跳。這或許是狗兒比飼主更早發現有趣的東西而試圖往那個方向跑去。

狗兒早飼主一步先走的這一點，雖無法斷言牠把飼主看得比自己低下，但是這樣的狀態如果一直持續，將可能養成牠拉扯狗鍊的壞習慣，飼主必須多加留意。

另外，飼主在路上遇到認識的人而站著閒聊時，狗兒會以眼神接觸的方式抬頭望向飼主，並拉扯狗鍊表示「差不多該散步囉！」。

當狗兒在扯動狗鍊時，飼主必須先一度站著不

『好──好──你稍微等等啦！』

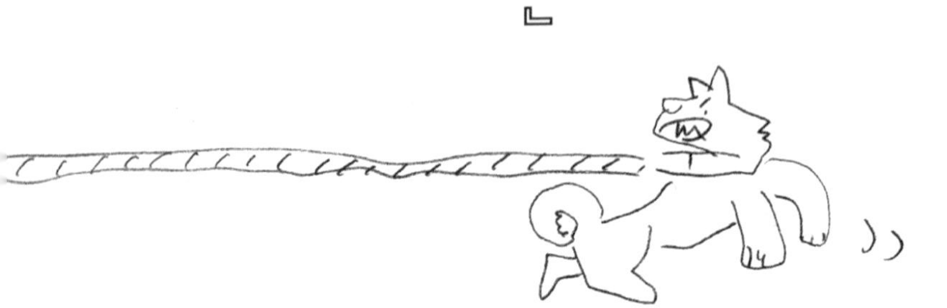

動。因為得讓狗兒學習到，要是飼主不動便無法繼續散步，所以「拉扯狗鍊是沒用的！」。

如果順著狗兒拉扯狗鍊的意思繼續往前走的話，狗兒會認為「只要扯動狗鍊就能自由地散步」，很容易養成狗兒拉扯狗鍊的壞習慣。

另外，狗兒拉扯狗鍊後如果飼主也拉扯狗鍊，狗兒只會再次扯動狗鍊而已。這單純是力學方面的情景，因為狗鍊被拉扯後，狗兒會本能的把重心往前傾斜，再以反方向扯動狗鍊。

散步時，突然有摩托車或腳踏車冒出來等緊急情況以外，最好都避免拉扯狗鍊才是上策。

拉扯狗鍊回應牠是沒用的。先站著不動，要讓牠知道散步是由飼主主導的！

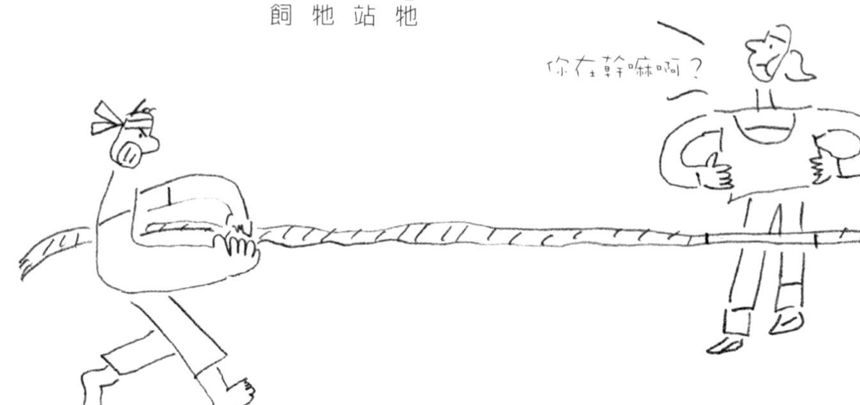

『那裡很髒喔！』

為了保護自己的身體才會想把臭味都裹在身上

你是否也曾在散步時看到狗兒一直嗅著草地的氣味，然後驚訝於愛犬在瞬息間用自己的背磨蹭草地……？令人震驚的是，狗兒有一些「想被臭味包裹住！」的這種有關廚餘或糞便等人類看來覺得稀奇古怪的願望。

狗兒的狼祖先，會將動物腐敗的屍體等具有強烈氣味的物質磨蹭在自己的上半身上。在野地生活的狼，利用自己以外的氣味包裹住身體，刻意地消弭自己的「體臭」，藉此舒緩其他動物對牠的警戒心來獵捕食物。

當狗兒身上沾了臭味時，飼主就算以「在幹嘛！」大聲地斥責牠，牠也可能誤以為飼主是非常開心。為了避免這種現象總是重複出現，請以冷靜的語調和音量提醒牠注意。

雖然狗兒特別喜歡糞便或帶有腐臭味的有機物，但當牠們用身體磨蹭飼主的衣服或物品時，則應該是因為「想要把飼主的氣味抹在自己身上」。

另外，和這種現象剛好相反，狗兒也會用自己的身體磨蹭喜歡的毛毯、玩偶、地墊等物品，這也是為了要表示這些物品是自己的東西。

不過，如果磨蹭身體的行為遲遲改不掉的話，也很可能會有跳蚤寄生，最好能去一趟醫院好好檢查。

人類無法理解狗兒想被臭味包圍的慾望。狗兒果然也是野生動物呢！

我只是試吃看看而已啦……

糞便是不乾淨的東西嗎？

第一次看到狗兒把「糞便」吃進肚裡時，真是感到「你該不會剛才……吃了大便吧……？」全身汗毛都豎起般的可怕……。

以人的角度來看，狗兒吃大便的行為實在是既不衛生又不舒服的舉動。但是，這其實對狗兒來說，就算稱不上是正常的行為，在某種意義上卻能說是自然的行為。糞便原本就是對狗兒會散發出特殊魅力的「氣味」，所以狗兒不會認為糞便是髒的。如果出現在眼前當然會成為牠感興趣的對象，自然會往嘴巴裡放。

而且，狗的狼祖先對腐敗的物品也能平心靜氣地吃下肚。當中應該也包含了糞便吧。如果其

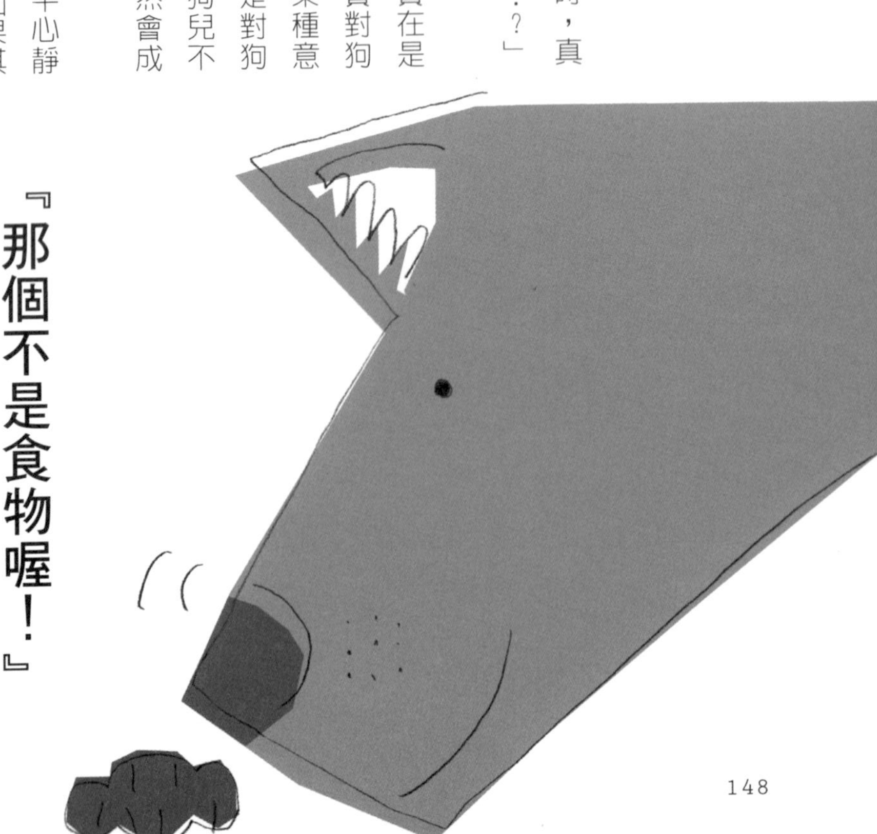

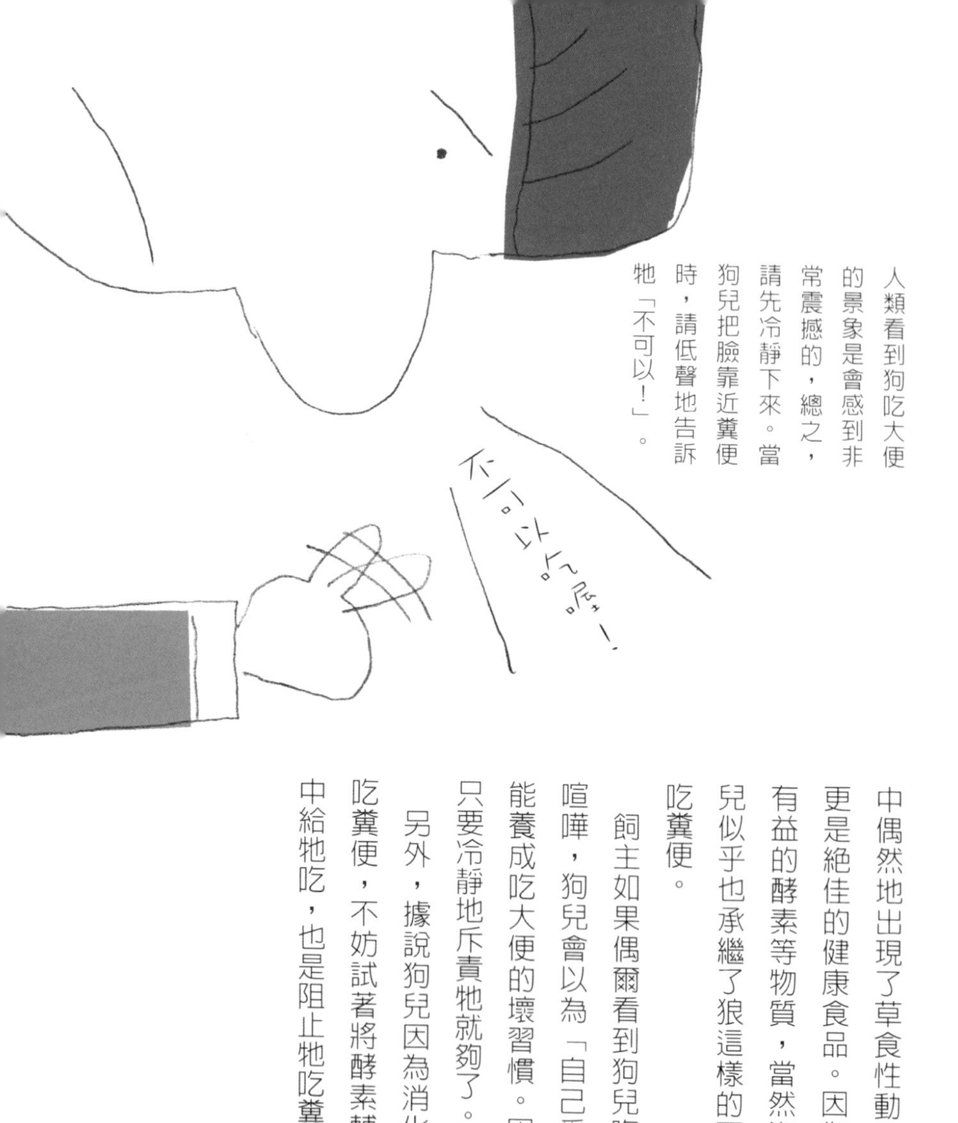

人類看到狗吃大便的景象是會感到非常震撼的，總之，請先冷靜下來。當狗兒把臉靠近糞便時，請低聲地告訴牠「不可以！」。

中偶然地出現了草食性動物的糞便，對狼來說更是絕佳的健康食品。因為那裡面含有對消化有益的酵素等物質，當然沒有不吃的道理。狗兒似乎也承繼了狼這樣的要素，所以有時候會吃糞便。

飼主如果偶爾看到狗兒吃糞便的景況而大肆喧嘩，狗兒會以為「自己受到了關注！」而可能養成吃大便的壞習慣。因此在這樣的場合，只要冷靜地斥責牠就夠了。

另外，據說狗兒因為消化酵素不足才偶爾會吃糞便，不妨試著將酵素輔助食品等混在狗食中給牠吃，也是阻止牠吃糞便的方式之一。

『客人，今天的菜單怎麼樣呢？』

因為這不算是我中意的味道，引不起我的興趣耶……

狗兒基本上什麼都吃，而且吃的時候具有要飽餐一頓的習性。特別可在大型犬身上看出這樣的傾向，牠們比較沒有食物上的偏好，通通都會吃。另一方面，小型犬比較挑食，在選擇食物時比較不均勻，也不太能忍受長時間的空腹感。

什麼都吃的狗兒幾乎不會不想吃飯或不吃獎勵用的點心。唯一能想到的，是當狗兒不太吃飯時，飼主將平常餵食的飯菜稍作了變化，反而導致狗兒因此成了美食家。要是遇到狗兒不太吃，飼主不妨直接把飯菜收起來，等到下一餐的時候再拿出同樣的飯菜，大部分的狗兒應該

就會把平常的飯菜吃了。

不吃訓練用的點心時，可以試著不給點心、直接進行訓練。對狗兒來說，飼主誇獎的言詞和溫柔的愛撫也是最棒的獎勵。

最近，也有很多飼主在煩惱因為愛犬想要吃等理由而給了牠太多點心，導致狗兒不吃正餐的問題。如果要給牠點心，就必須減少正餐的份量，藉此調整攝取的熱量，以免愛犬變成肥胖的狗。

肉乾（jerky）等點心可以用剪刀剪成小片，能夠少量地逐次給牠食用，非常方便。不吃獎勵用的點心的狗兒，或許是能自我管理的聰明狗兒呢。

『你的飯菜不是在那裡了嗎？』

好羨慕大家吃的食物……

若在用餐中被愛犬吠叫了幾聲，便無法繼續悠閒地用餐了。

狗兒本來就有想要其他狗兒物品的習性。尤其和食物有關的，甚至可說另有貪欲。因為自己捕獲的東西就是自己的，基本上是不會讓給其他對象的。這個壞習慣，也讓牠會想要其他狗兒正在吃的食物。

如果是有這種習性的狗兒，在牠眼裡所看到的人類用餐光景，八成會是「〈沒有披著毛皮的狗兒〉為什麼正在吃著比自己多很多而且味道極香的食物！」的模樣吧。因此這時會吠叫一聲表示「也給我吃啦！」，用意是催促這群在吃的人和自己共享食物。

抱持著這種態度的狗兒只要曾有一次得到共享的食物，以後每到吃飯時就會持續吠叫乞食。因此，飼主及家人們千萬不可妥協，最好不要搭聲，也不要和牠有眼神交流，盡可能地忽視這時候的牠吧。

另外，人類的食物中也有一些是對狗兒身體不好的。代表性的項目是洋蔥等蔥類食材和巧克力。蔥類容易造成貧血，巧克力會導致狗兒中毒。加了蔥類的湯汁也必須注意。

其他還有刺激性強的辛香料，或是對消化不佳的章魚、花枝、蝦子、貝類等，都可能引起嘔吐或腹瀉。雞肉或魚的硬骨頭也可能會刺到內臟，最好能避免餵食這類食物。

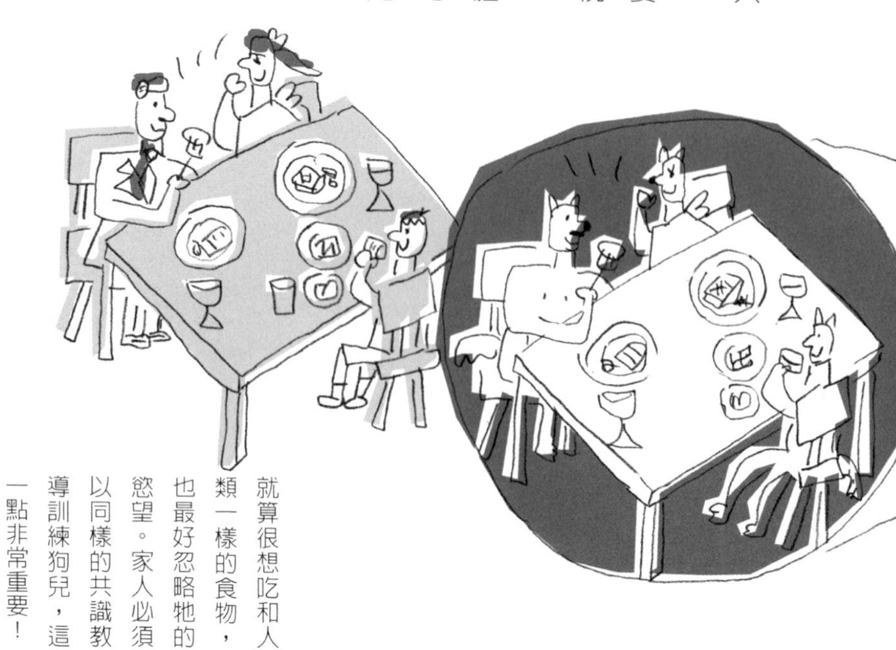

就算很想吃和人類一樣的食物，也最好忽略牠的慾望。家人必須以同樣的共識教導訓練狗兒，這一點非常重要！

『黏滋滋的嘴巴實在是……』

舔舔舔舔舔舔……

你不喜歡嗎？
我還以為你一定會很高興呢……

大部分的狗兒都會在吃過飯後或是喝水後自己把嘴巴周圍舔個乾淨。不過，也有少數時候狗兒會在吃過飯後，直接帶著髒兮兮的嘴巴來到飼主身邊，用飼主的衣服擦拭自己的臉。會好好地來擦臉，肯定是喜愛乾淨的狗兒吧？

這應該是狗兒注意到飼主的反應很有趣，才故意做出這樣的舉動。因為飼主明明發怒叫著「不要啦～」，卻又不經意地笑起來，才讓原本就喜歡惡作劇的狗兒自然地想用這個方式讓飼主開心。

如果是真的要讓狗兒停止某個行為，最好以冷靜的語氣告訴牠「不可以！」。

吃過東西後，會用舌頭把嘴邊黏黏的東西都舔乾淨。毛較長的犬種，則由飼主幫牠整理清潔，以免出現嘴邊紅腫的問題。

不過，如果飼養的是瑪爾濟斯（Maltese）、迷你雪納瑞（Miniature Schnauzer）、玩具貴賓狗（Toy Poodle）或日本斯皮茨絨毛犬（Spitz）等在嘴邊有長鬍鬚的犬種或白色毛的狗兒，請飼主幫牠們把嘴巴周圍擦乾淨，用梳子把毛梳理整齊。

因為這類犬種的狗兒，具有容易因口水或髒污導致「嘴邊紅腫」的體質。這是因為口中的雜菌經由口水附著在嘴邊，再慢慢地轉變成褐色。因此，請在吃過飯後用沾濕的毛巾或濕紙巾幫牠把髒污擦拭掉，也有必要頻繁且仔細地把口水擦乾淨。雖然嘴邊紅腫不會造成什麼特殊的傷害，但總是覺得哪裡不乾淨，而且看起來很可憐。

『手工派？市售派？』

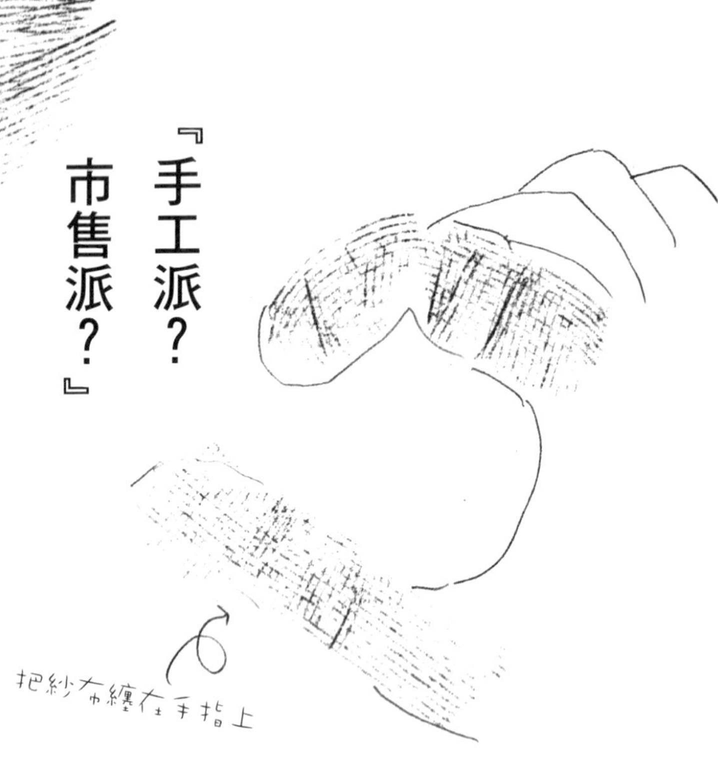

充滿愛意的手工料理我最喜歡了！
若要說還有什麼其他欲望，
我希望偶爾也能刷刷牙……

市售的狗食雖然非常方便，但也必須注意裡面的添加物。另外，打算每天給重要家族成員之一的狗兒吃蒸煮食品的飼主也增加了。只要有時間，加上考慮到愛犬的健康，親手製作菜餚給牠也會是很有趣的事。

狗食和人類料理最大的不同，在於牠們不需要調味料。如果給牠們吃肉乾當作點心，或許一天的允許量幾乎會超標，因為狗兒所需的鹽分量僅是一點點而已。砂糖雖然也不是有害物質，但它的熱量極高，所以糖分還是建議以碳水化合物的形式攝取較佳。

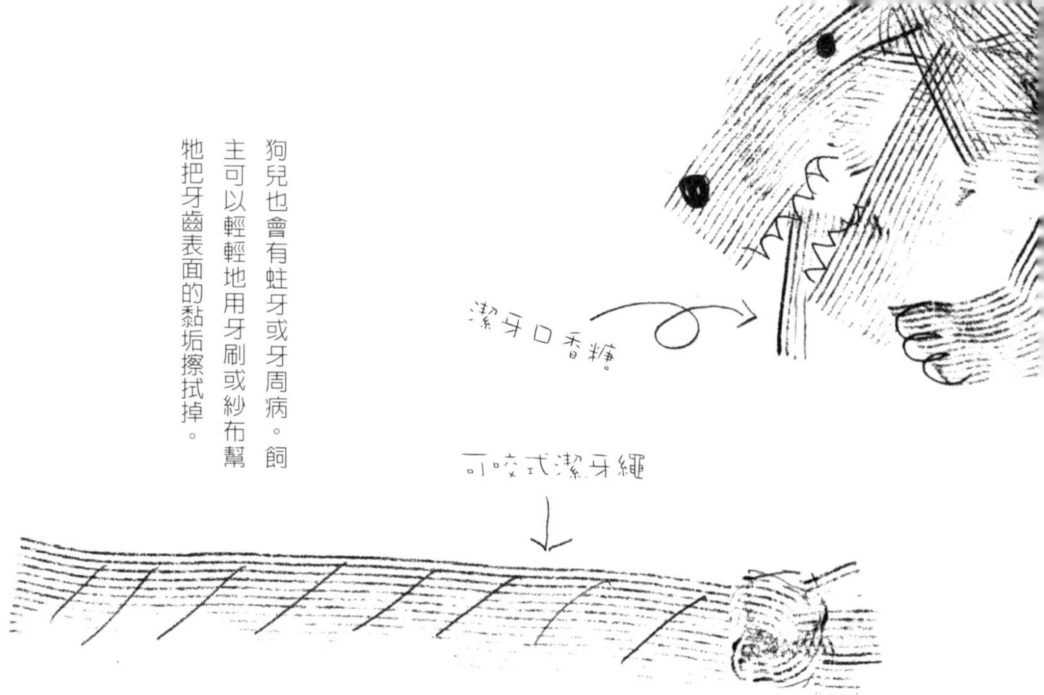

狗兒也會有蛀牙或牙周病。飼主可以輕輕地用牙刷或紗布幫牠把牙齒表面的黏垢擦拭掉。

另外，生的肉類和蔬菜才含有較豐富的蛋白質分解酵素，能使消化順暢，對身體比較不會造成負擔。不過，生肉在衛生上稍有疑慮，最好能加熱後再食用。蔬菜也在加熱後甜度增加，能夠促進狗兒的食慾，不過，喜愛生高麗菜、白菜、小黃瓜、胡蘿蔔等清脆口感的狗兒也非常多。飼主可偶爾加熱或偶爾生食，隨時變化料理做法，一定能讓狗兒吃都吃不膩。

再者，罹患牙周病的狗兒也增加不少，為了愛犬的健康，請在餐後幫愛犬刷牙。做法上，可以讓愛犬咬住具有潔牙效果的口香糖或繩子等物品，飼主也可以把紗布纏繞在自己的手指上幫牠擦拭牙齒，都對潔牙非常有效。

『你也該適可而止了吧！快點鬆口！』

玩得太入神，不知不覺就施出力氣了……

試圖奪取愛犬喜愛的玩具時，牠是否也曾發出「嗚——」的低鳴聲呢？就算沒被愛犬這樣低聲嗚叫，在和牠玩接球遊戲時，有些狗兒也會在把球撿回來後遲遲不肯鬆口把球交出來呢。

狗兒原本就是佔有慾強的動物。如果沒有在仔犬時期訓練牠依照飼主的指示不管什麼東西都得鬆口的話，狗兒會把一度取得的物品當作是「自己的東西」，所以不會做出鬆口放掉的舉動。而且如果玩得很入神，狗兒會無法抑制自己的興奮。要是試圖把東西拿走，狗兒會發出低鳴聲表示「這是我的玩具！你不要靠過來！」加以警告。如果試圖強行拿走東西，狗兒反而會本能地付出額外的力量保護牠的物品。

不管狗兒多麼想再繼續玩，「今天的玩耍已經結束了！」。飼主必須徹底管理玩耍的時間。

如果飼主對低鳴聲抱著害怕的感覺而放棄拿走東西，狗兒便會學習到只要以低聲鳴叫嚇阻就不會被搶奪，反而會成為絕對不交出物品的狗兒。因此，如果對象是仔犬，就算被牠咬住了也不怎麼會痛，所以請盡量在仔犬時期好好地訓練牠才是最好的做法。

用玩具玩耍時，請飼主確實管理好開始與結束的時間，以及玩耍的玩具種類。並請從仔犬時期開始用玩具做「交給我」的練習，當狗兒鬆口交出玩具時就誇獎牠。假如狗兒遲遲不肯鬆口，也不要勉強奪取牠口中的玩具，可以先忽視牠，等待牠興奮的情緒降溫後再處理。

『明明已經結紮了，難道又是發情期？』

太高興了，開心到不知如何是好……

愛犬有時候會用自己的腳或腿緊緊勾住坐著的飼主的背部，不停地擺動腰部。難道這就是所謂的「交配（mounting）」嗎？

看到自己當成孩子一樣寵愛的狗兒這樣地擺動腰部，一定有許多飼主對這種充滿性暗示的行為感到震驚。

乍看之下雖然和狗兒交配時是相同的動作，但一般來說，動物不會對其他物種的動物感到性的魅力。

所以狗兒當然也不是把飼主誤以為是戀人才出現擺腰扭臀的舉動，請飼主放心。雖然不是所有的狗兒都會這樣，但有些狗兒一感到興奮就會緊緊勾住飼主並推壓或擺動腰部。

最喜愛的家人們全員到齊，愛犬也超興奮。甚至會有天真無邪又可愛的舉動。只要刻意忽略牠，牠就會慢慢不再這麼做了。

無關乎性別，雌雄都可能會出現這種現象，尤其較常在年輕的雄犬或友善又愛人類的狗兒身上看見。這似乎是因為開心到不知如何是好才陷入了微恐慌（petit panic）的狀態。

狗兒和同伴之間則可能是為了主張自己優於對方時才顯現出這樣的舉動。雖說這不是性的舉動，但這樣擺動腰部總覺得是不太好的行為。如果大聲喊出「快停止！」，狗兒說不定會誤以為是要跟牠玩，反而比原本還更興奮……。

如果可以的話，最好能在狗兒試圖緊緊抱住的瞬間靜靜地打消牠的念頭，並對牠做出「不可以」的指示，或者不要和牠眼神交會，徹底地漠視牠吧。

『咬了人後，在反省了嗎？』

因為我不知道該怎麼辦，只好等待你氣消……

曾經聽過有人說，朋友到家裡來玩，看到狗兒在家打算伸手摸摸牠就被咬了！被咬的人和飼主都同樣感到驚訝。或許飼主也因此對咬了人的愛犬感到害怕。然而，並不是說狗兒咬了人就一定是具備攻擊的性格。牠極有可能是因為害怕、膽怯才去咬人。

認為狗兒被撫摸會感到高興的人似乎很多，但並非一定是如此。平常沒什麼機會接觸外人的狗兒，通常會有討厭身體或頭部被觸摸的傾向。如果站在狗兒的角度看待此事，當有外人從頭上伸手過來時，看起來說不定就像是誰要來攻擊自己一樣。

這時最好採取和狗兒相同的視線，重新對牠表示「我不是敵人喔！」，應該可以緩和狗兒的恐懼心。另外，小孩子可能會不假思索地觸摸狗兒。甚至有時候會抓住狗兒的尾巴，飼主千萬要注意不要讓小孩和狗兒單獨在一起。

當狗兒引起問題行動後，如果被飼主責罵了，牠會把身體鬈曲成一團，垂下耳朵，由下往上地凝視著飼主。牠那無精打采的模樣看起來就像是在反省一般，容易讓人以為牠已經知道自己做了壞事而不知如何是好，可說是正處於等待飼主消氣的狀態呢。

「怎麼會表現出這麼恐怖的表情……」。狗兒查覺到飼主不尋常的表情，靜靜等候飼主消氣……。

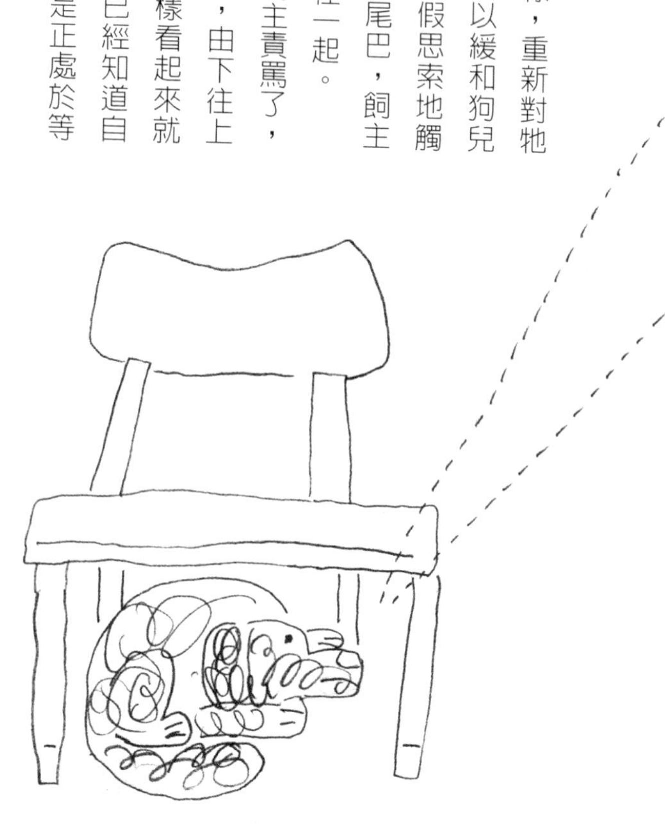

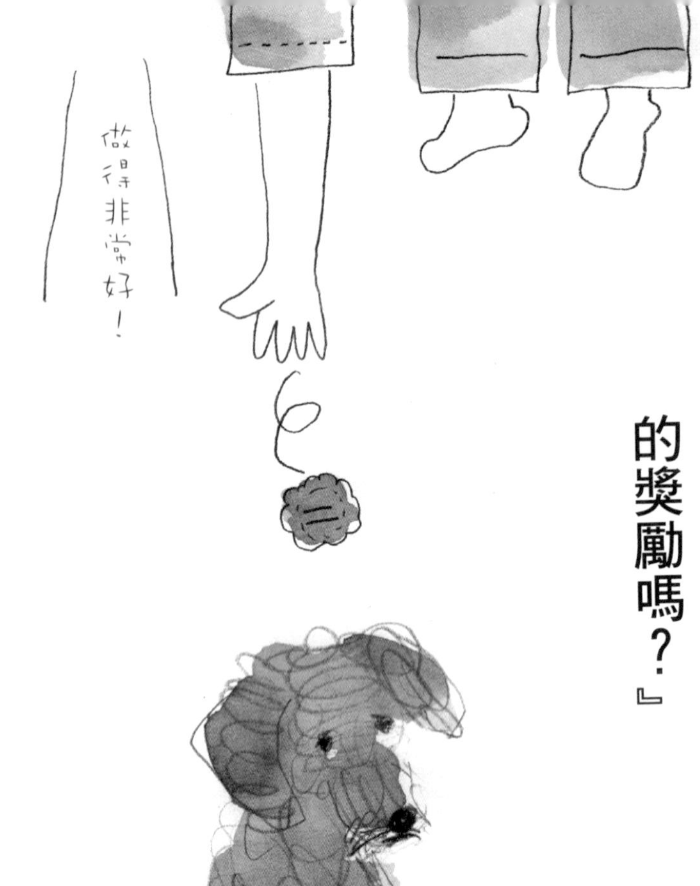

『點心不是最好的獎勵嗎？』

狗兒並不是只喜歡會給自己點心吃的人，牠最喜歡會誇獎自己、和自己一起玩的飼主了！

你誇獎我就是最棒的獎勵了！

在群居社會生活的狗兒，只有單獨一隻過日子是很困難的。在人類社會作為一個家族中的家庭犬生活，則需要適當的教養訓練。

也許當中有些飼主認為「訓練的話好可憐啊」，但是接受了訓練的狗兒，也比較能夠適應人類社會的生活。

狗兒在挨罵之後會停止當下的行動，但這只不過是暫時的。相較於責罵，狗兒越被誇獎越會表現出好的行動，然後久而久之便成為習慣。

因此在教養訓練時，誇獎遠比責罵更來得有效。當狗兒做壞事時不僅要對牠說「不可以！」，最好還能在牠停止做壞事的時候充分地誇獎牠。

這時，當狗兒做了不該做的事就告訴牠「不可以！」或「不准！」，要誇獎牠時也一樣用「非常好！」或「真棒！」等用詞，把對狗兒說的用詞統一，讓狗兒也比較容易理解。

另外，要責罵牠的時候，必須注意不要叫牠的名字。

訓練狗兒時，給牠吃點心當作獎勵雖然很有效果，卻不是絕對必要的。只要飼主能誇獎牠、溫柔地撫摸牠，就是對狗兒最好的獎賞。如果要使用點心，也請不要選擇在飯後，空腹時的效果更好。

不過，如果只是用點心拐騙牠，一旦沒有點心，牠也會變得不聽話，最後會變成只要求點心的狗兒。教養訓練時，請善用獎勵和用語展現領導地位是很重要的。

『唉呀～！
等等我呀——！』

讓狗兒逃跑的話，也可能會引發交通事故、造成他人受傷、成為迷路的狗而被當成流浪狗捕捉等。飼主必須非常注意！

我只是稍微想自由自在地玩一下，你這樣大驚小怪我反而不好意思回去了……

狗兒具有居住在餵食自己的人身邊的習性。所以不會發生狗兒逃走這件事。

不過，也有可能出現因運動不足等某種極大的壓力、或是和狗兒沒有建立出信賴關係、以及還殘留很強的野生習性、又或者是被雌犬的發情引誘而逃走等情形，這些都被認為是雄犬特有的行動。

有些狗兒會在散步中不經意地掙脫項圈逃跑，但這被認為是因為「想要自由」的好奇心所致。不過，飼主卻慌張地大驚小怪，狗兒反而因此想來玩一玩，乾脆來個你追我跑般逃跑一下。所以就算狗兒掙脫了項圈，飼主也千萬別慌張。

與其被追捕到，狗兒真的目的其實是飼主的撫摸，不妨冷靜地呼喚牠回來吧。牠玩夠了就會回到飼主身邊了。室外犬則可能受到雷聲或較大聲響的驚嚇而感到慌張，甚至可能跳過高牆逃走。所以在打雷或煙火大會的日子，把牠移進室內比較合適。

作家．志賀直哉（Shiga Naoya）的作品中，有部描寫雜種犬Kuma在遷徙後的城市失蹤的故事《Kuma》。一星期後，在公車裡發現Kuma的蹤影，立刻使公車緊急停車抓住Kuma，但作家計算這個偶然時，估計僅有二十萬六千六百分之一的準確率等等。真是一個奇蹟呢！

守護領袖的身分，
就是對狗兒來說最舒服自在的生活方式

或許也有些人不太擅長訓練狗兒。以作家・菊池寬（Kikuchi Kan）的情形來說，幾乎可以說是家人們「用三天把受過訓練的牧羊犬（shepherd）教養成北京狗（Pekingese）」（※北京狗是中國貴族的小型賞玩犬，被當作是公主般養育）般把愛犬寵壞了。然而，如果要和狗兒幸福地生活在一起，則必須要有某種程度的教養訓練。

進行訓練時，無論是在下指令時、誇獎時、責罵時，都必須使用固定的用語以免使狗兒感覺混淆。而且誇獎和責罵的時機都很重要。必須在狗兒達成要求事項的瞬間誇獎牠，也必須在牠做出問題舉動的當下斥責牠，要是賞罰沒有徹底執行，狗兒會無法理解到底是哪個行動被誇獎或被斥責。

訓練的方式最好能因應狗兒的性格稍作變化。如果以較大聲量對容易興奮的狗兒說「非常好非常好！真是乖孩子！」並反覆撫拍牠的身體，將會使牠更加興奮。這時，不妨以冷靜的聲音輕拍狗兒的頭或身體，或是摸摸牠就可以了。相反的，個性較溫和的狗兒，如果提高音量地說「真是好孩子呢！」，以這樣稍微誇張的方式誇獎牠，牠一定會非常高興。

狗兒會透過人類的表情和說話的語調判斷人類的情感。只要在誇獎牠時做出開心的樣子、責罵牠時表現出激烈嚴厲的表情，狗兒便也能輕易地瞭解人類的感情。

遵守群居規則對狗兒來說並非不自在的事。利用表情或聲音的語調，清楚地表達給牠知道吧！

『是暈車了嗎？』

如果打呵欠或流口水的頻率增加的話，可以停車讓我休息一下嗎？

原本狗兒就不太能適應行車的搖晃。狗兒不明白「車子」這個物件本身，所以對人類因為自己的情況而要牠「搭車」的行為帶有緊張的情緒，推測狗兒要得到身體平衡的感覺需要一些時間。

如果有「想跟愛犬一起兜風」的期望，能在仔犬時期就讓狗兒習慣是很重要的。要是從仔犬時期就讓狗兒養成坐車的習慣，狗兒對車子的抗拒感也會比較淡薄，而且也比較不會暈車。

另外，有「小型犬比較喜歡兜風」這種說法，是因為小型犬被飼主抱在懷裡的機會較多。這大概是因為和大型犬相比，小型犬已經習慣了被

抱起來時所產生的「搖晃」吧。

狗兒會討厭車子，大概是因為第一次坐車時暈車而使身體感到不舒服，或是曾有搭車前往討厭的醫院等創傷型的經驗。牠或許記住了「一搭車就會伴隨著不愉快的事情」吧。

狗兒是靠經驗學習的動物。只要曾有一次因搭車產生的不愉快經歷，便會討厭起搭車這件事。

讓狗兒搭車前，最好能不要讓牠吃飯，這樣多少能預防暈車。另外，讓牠多運動而感到疲累，上了車可在車上小睡一下也是一個好方法。如果狗兒出現頻繁的流口水或打呵欠，就是「快要吐了」的徵兆喔！

如果狗兒要暈車了，最好能停車讓牠呼吸一下戶外的空氣。另外，飼主如果把狗兒留在車內自己外出的話，可能會造成狗兒中暑，請多留意。

狗兒要是沒有毛，不僅日光直射很痛，還可能有蟲附著，非常難受呢！

一到夏天，有時候飼主會以「因為真是太熱了」而把愛犬的毛剃得極短。這種「夏季剃毛」正無疑地是人類自以為是的體貼。的確，狗兒無法像我們人類一樣用流汗來調節體溫。因此牠們怕熱與容易中暑的確是事實。然而，狗兒的毛基本上在生長時能自動轉換成夏毛，所以沒必要剃得那麼短。

另外，飼主最好也先知道狗兒的皮膚本身比人類的薄。狗兒皮膚的角質層和人類相比大約只有約三分之一厚。取而代之的，是以豐沛的毛保護狗兒的皮膚不受外界刺激，也能夠防止身體乾燥、病原體感染與侵入等。

『哇啊～好清爽啊！』

毛生長時不會轉換成夏毛的犬種，或是獅子狗等毛不斷長長的犬種，通常會以改善通風的目的進行剃毛。

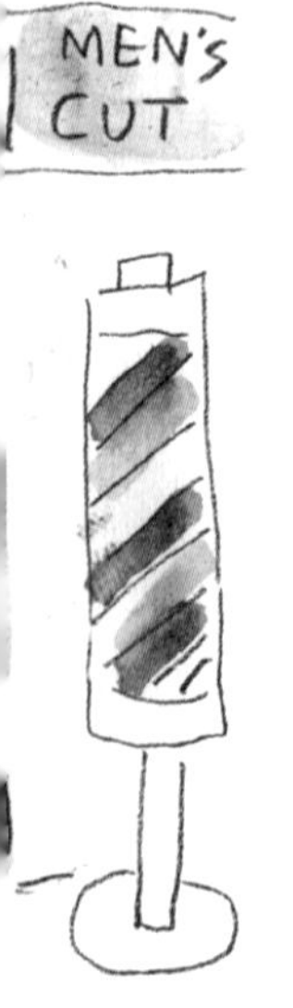

若提到夏季的外界刺激，則當屬太陽的紫外線了。狗兒的毛可以遮蔽日光直射，保護脆弱的皮膚不受太陽紫外線傷害。如果日光直接照射在皮膚上，反而會感到更熱。而且進入草叢等處時，容易被草割傷皮膚或被蟲附在身上。對狗兒來說，重要的「毛」被剃掉了，簡直就是大膽地呼喊疾病入侵。

不建議夏季剃毛還有另一個原因。因為只要曾經一度剃得極短，毛質便會產生變化，甚至也可能無法再長到像原本那樣的長度。

#『下次要讓你穿什麼好呢？』

狗兒的時髦打扮也是出自於將愛犬當作孩子般疼愛的心情。如果是超短毛的犬種，衣服有時候也是為了防禦空調太冷的好配備。

你看起來似乎挺開心的，那我也可以姑且穿一下啦……

狗兒穿衣服，對狗兒來說決不是什麼既舒服又美麗的事。硬要說起來，還應該算是比較不舒服的事。因為，這個行為是在牠們既有的「毛皮」上再穿上外衣。

儘管如此，人類仍然會依自己的興趣，在牠們的毛皮上再穿上外衣，或是想幫牠們穿非常合身且不易動來動去的衣服。但這種非常合身的衣服會使狗兒感到身體被壓抑住，所以會感覺到如狼祖先本能的被年長的狼責備或是訓練時的服從行動，因此覺得很有壓力。

如果有感覺到「我家的狗兒開心地穿著呢」的飼主，這或許是因為穿著衣服雖然不是狗兒的本意，但只要穿了飼主就會很開心，甚至還會誇獎自己，所以無奈地覺得「沒辦法，乾脆穿了吧……」。

不過，衣服不單只是為了時髦而已。也有像吉娃娃、臘腸犬、法國鬥牛犬、黃金獵犬等皮膚可能較脆弱的犬種。這時，衣服在夏季時能發揮保護皮膚不受日光直射的功能，冬季還能達到禦寒的目的。

雨天的雨衣也有擋泥沙的功效，而且若在室內讓狗兒穿著衣服，也可以防止掉毛到處散落。另外，如果很喜歡狗兒的時尚，也請盡量幫牠保持衣服乾淨。

連自己的氣味都要被沖掉了，真的是非常令人害怕的事呢！

就連人類的肌膚保養，「洗澡？不洗澡？」也是個大問題，經常聽到「洗得太頻繁不好」的這種說法。更極端一點，甚至還有「不洗澡美容法」呢。

狗兒的角質層因為比人類的薄，也可以說是比人類的幼嫩。牠們會經常分泌皮脂腺（脂肪部分）覆蓋在身體表面藉以保護皮膚。

過多的洗髮精等同於將皮脂連根拔起般沖洗掉，因此從保護皮膚的角度來看，常洗澡並不是好事。另外，狗兒也會有是否適應洗髮精的問題，就算是狗兒專用的高價位產品也可能會引起皮膚問題。

『一起洗澡吧！』

理想的清潔產品，據說是以脂肪酸鈉和脂肪酸鉀等自然素材為主成分製作的「肥皂」。使用了以精製石油為基礎製成的合成界面活性劑的洗髮精雖然洗淨力出色，但對狗兒的肌膚卻不見得好。

另外，狗兒雖然是喜歡乾淨的動物，但是「進浴室洗澡」這種習慣是人類想出來的，狗兒並沒有這樣的習性。而且，因「水會潑到臉上」、「被限制行動的時間太長」等理由，不喜歡洗澡的狗兒似乎也挺多的呢。尤其是柴犬或秋田犬等日本犬，對水本身感到不喜歡的狗兒似乎不少。另外，洗過澡後自己的氣味也跟著不見了的這件事，對狗兒來說也是相當不安的。最好避免用香味太強的洗髮精。

一起去了海邊或是掉到田地裡等「髒了所以洗」的程度幫狗兒洗澡則沒什麼問題。最好不要太執著於清洗的頻率。

『只有一隻也不寂寞嗎？』

我沒有從幼小時期和親兄弟們玩在一起，所以我只要有人類的家人們就非常足夠了！

狗兒在仔犬時期藉由和親兄弟們玩在一起，學習打招呼的方式、肢體語言、嬉戲方法等狗社會的規則。這些內容不僅無法由人類教導，也無法獨自學習到。因此，仔犬時期和狗同伴們一起遊玩是很重要的事。

例如，撿拾被遺棄的仔犬回家飼養的家庭曾有這樣一段故事。不知狗兒是否是因為幼年時期沒有和親兄弟們一起遊玩，所以會恐懼或攻擊其他狗兒，不擅長與其他狗兒接觸。一定是牠不知道該怎麼辦，所以沒辦法和其他狗兒順利地玩耍吧。在這種情形下，可以讓狗兒參加以出生一個月半到四個月左右的仔犬為對象的幼

犬教室（Puppy Class）等，讓牠試著和其他狗兒一起玩或許是個好方法。

另外，飼主如果看到相同犬種或大小類似的狗兒，會不由得地想「不知道牠們會不會成為好朋友啊？」。然而，狗兒之間也會有合與不合的問題。兩隻狗當中若有一隻是仔犬時期已習慣其他狗兒而另一隻沒有的話，突然因飼主自己的意思而試圖要牠們成為朋友，對牠們來說實在是過於勉強。

如果飼主們把狗兒的臉互相靠近讓牠們跟對方打招呼，說不定還被誤以為是刻意的「挑釁」而引發雙方的戰火。對現代的狗兒來說，牠最重要的群體就是飼養自己的「家庭」。在家庭內只要能把愛犬當作家族成員中的一份子對待，這樣就十分足夠了。

和貓咪不同，因為狗兒是群居的動物，所以很容易被認為需要同伴。不過，現代狗兒群居的伙伴是「人類的家人」。

『可以讓我抱抱你嗎？』

你要是很緊張，狗兒也會跟著緊張。如果想要狗兒喜歡你，何不像作家．太宰治那樣，試著展現出自己是個好人呢？

你一緊張，狗兒也會跟著緊張的啦！

被狗兒喜歡的人，以及不知何故總是被狗兒吠叫的人。狗兒是否是觀察人類的「某種現象」來判斷自己的「喜惡」呢？這個「現象」，恐怕，是指對狗兒表現出來的緊張感吧。不擅長和狗兒互動的人只要一看到狗，就會莫名地表現出某種緊張。狗兒敏感地察覺到這股氣氛，所以自己也跟著緊張起來。

相反的，就算看見了狗兒也能處之泰然的話，狗兒反而會覺得「這個人會和我玩嗎？」而感到有興趣。如果是被狗兒喜歡的話，在狗兒靠過來之前，請切記自己千萬不要採取任何行動。因為狗兒自己如果感興趣會主動靠近，要是沒興趣或抱有警戒心，則不會靠近。

作家．太宰治（Dazai Osamu）的隨筆《畜犬談》當中，描述了討厭狗的太宰治如何被狗兒喜歡，甚至後來成為愛狗人士的過程。內文記載了「我對狗很有自信，有總有一天必定會被狗給吃了的自信。」，著實把狗看成是可怕的生物。而且，對狗兒的應對方式採取「如果遇到了野狗，就對牠露出笑臉，讓牠知道自己應該是無『害』的人類。如果是看不見笑臉的夜晚會比較麻煩，這時就哼唱純真無邪的童謠，向野狗展現出自己是溫和的人」。

不過，很諷刺的，也不知是否是這個行動的緣故，竟反而成了狗兒喜歡的人，甚至有仔犬不知從哪裡冒出來直接跟在他後頭走。努力隱藏討厭狗的心情，反而變成被狗兒喜歡的特點。

『不管撫摸哪裡，你都看起來很開心呢！』

只要想成是肌膚接觸，不管被撫摸哪裡我都不在意！

對狗兒來說，肌膚接觸是訓練時不可缺少的手段。人類這種動物，在幼小時最喜歡被雙親撫摸頭部誇獎，而且透過身體的接觸可以感受到雙親的愛。狗兒也是一樣，最喜歡和飼主肌膚接觸了。只要能被飼主溫柔地撫摸，便能真實地感覺到「我是被愛著的！」。

相反的，觸摸的時間如果太少，則會容易引起問題行動。因此，在訓練中要誇獎牠的時候，肌膚接觸也是非常有效的。狗兒被撫摸後會感到開心的，是從後頸到背部或是從喉頭到胸口。觸摸尾巴、腳、鼻尖等處只會惹狗兒不高興，請務必注意。

為了採取肌膚接觸，首先必須讓狗兒從仔犬時期就習慣飼主的撫摸，要讓狗兒無論飼主撫摸哪裡都不會討厭，這一點很重要。有時候，飼主必須要幫愛犬刷牙或剪指甲。平常飼主也要溫柔地撫摸牠的耳朵周圍，並當牠躺下時幫牠按摩腳底的肉球，如此一來狗兒也會感到放鬆、舒暢。

在日常生活中做好充分的肌膚接觸，讓狗兒熟記被飼主撫摸身體會感覺舒適。另外，等牠習慣了被飼主撫摸身體後，接下來也讓牠熟悉被其他人撫摸吧！

眼神接觸／面對面接觸

『呼喚你的名字後，讓我看看你的臉吧！』

呼喚牠的名字而牠把臉轉過來後，帶著笑臉誇獎牠吧！

不經意地眼神交會時，也要以笑臉掛著微笑喔！

不管何時都想看見主人的笑臉

一呼喊狗兒的名字，愛犬便朝飼主「轉過臉來」。雖然只是這樣簡單的事，但眼神接觸卻是服從訓練的基礎。例如，發出「坐下」的指示時，首先必須眼神交會。狗兒如果遵循指示，就看著牠的眼睛並帶著笑容誇獎牠。

如果能掌握住這樣發號指示的方式，狗兒就會學習到「眼神交會就會有好事發生！」，注目飼主的情形會變多，在「緊急」狀況時也能更容易控制狗兒。剛開始狗兒也不會一直注視飼主。所以當牠對飼主的聲音有反應而回過頭時，飼主可千萬別忘了帶著笑容誇獎牠的面對面接觸喔！

使關係良好的教養訓練 ❷

等一下！

『因為這是關乎生命的事，要牢牢地記住喔！』

用單手讓牠等待獎勵並指示牠「坐下」，張開另一隻手指示牠「等一下」。要用冷靜穩定的聲音說指示語。

狗兒順利完成「坐下」和「等一下」後，要用清楚明亮的拉高嗓音誇讚獎勵牠。再漸漸進展到能不使用點心地訓練牠。

突然讓我等這麼久，屁股都要坐麻了啦！

記住「坐下」之後，就是讓牠記得「等一下」的好機會。首先，用單手拿著獎勵用的點心並指示牠「坐下」。等狗兒坐下後，一邊張開另一隻手一邊發出「等一下」的指示。如果狗兒能完成一～兩秒的坐下狀態，就可以比出移動也沒問題的指示來表示「OK」。反覆進行之後，狗兒也能理解「OK」的意思。這時，飼主往往已在不知不覺間讓牠等待許久，所以教導狗兒新東西時，必須不讓牠失敗，並讓牠有成功的感覺是很重要的。剛開始可以先從一～兩秒，然後是三～五秒左右，再漸漸地提高等級吧！

上廁所

『無論在室內還是屋外都能順利排泄的話，就真是理想狀態了呢！』

感覺狗兒有異狀時，帶牠去上廁所吧。

如果順利地在廁所排泄了，就立刻誇獎牠吧！

如果狗兒心神不寧，就是想上廁所的徵兆 請引導牠去廁所

不限於小型犬或是大型犬，如果平常在室內及散步時在屋外都能順利如廁的話，飼主和狗兒將來都會輕鬆許多。這是因為，特別是在大型犬的情形下，如果養成了在屋外排泄的習慣，要是狗兒生病（無法外出）了，狗兒和飼主都會非常辛苦。如果多年來都持續是在屋外排泄，狗兒也會對於在室內排泄感到抗拒。如此一來，就必須抱著體重超過三十公斤的大型犬到屋外去讓牠排泄。因此最好在較早階段，培養牠也能在室內排泄的能力。當狗兒表現出心神不寧的狀態時，請對牠說出「要尿尿？」、「要大便？」等用語，並引導牠去上廁所。

召回

『叫了你的名字就立刻回來，要是跑太遠我會擔心的喔！』

剛開始在狗鍊的範圍內練習。狗兒回來就誇獎牠，讓牠認為「被飼主呼喚就會有好事發生」。

用長的狗鍊練習。不要過分勉強地拉扯狗鍊，讓牠看見玩具或點心再叫他回來。狗兒回來就好好地誇獎牠。

其實我還想再多玩一點，但如果你已經這麼說的話……

玩耍時就算被飼主呼喚了，「我還想再多玩一點」才是狗兒內心真實的聲音。躊躇之間飼主開始發怒，狗兒心想「看起來一回去就會挨罵」或「讓主人來抓我吧」而開始到處逃竄。而且就算回來了，如果連明明沒亂跑也被責罵，狗兒會認為回來是沒有意義的。重要的是，飼主必須培養出狗兒「飼主叫我了所以快點回去吧！」的這種意志。那麼，要怎樣做才能成為「有魅力的飼主」呢？答案是，享受和狗兒一同散步的樂趣。狗兒如果能和飼主共享在戶外的樂趣，和飼主的同伴意識便會增強，也會自然養成一叫就回來的習性。

HELP!
狗兒喃喃自語的身體徵兆

不知怎麼的，身體不太舒服……

狗兒即使身體不太舒服也無法傳達這個訊息。管理愛犬的健康、注意愛犬的身體狀況等，都是飼主的工作。可以注意狗兒的外觀變化，觀察狗兒每天的行為、排便的狀態，然後撫摸牠的身體來確認健康情況。狗兒也和人類一樣，牠一整天的必要熱量會依生活模式、體重、運動量等因素改變。就像是吃了相同份量的食物有些人會變胖有些人則不會一樣，狗兒也是有個體差異的，所以飼主必須好好評估愛犬的必要量。

如果出現跛著腳走路、眼屎冒出來、拉肚子、沒食慾、反覆嘔吐等很明顯能得知身體有異樣的症狀時，最好能盡快前往獸醫檢查。另外，狗兒有時候會以意外的行為或舉動來表示自己身體不舒服，飼主也請千萬別忽略這些徵兆喔！

異常地大量流口水

狗兒用流口水來調節體溫，但是如果中暑了，口水量會變得更多。若有這種情形，最好把牠移到涼爽的場所，並用水淋在牠身上讓牠降溫吧。如果天氣不熱，則可能是其他的疾病，最好能前往醫院檢查。

整個頭左搖右晃

如果有好幾次搖晃頭部，則疑似是耳朵有異常。狗兒耳朵內部的透氣狀態比人類的差，而且細菌容易繁殖在耳垢上，可能會引發外耳炎等耳朵的疾病。可千萬別忽視垂耳狗的耳朵清潔。

大量喝水

散步或激烈運動後會大量喝水，但不認為是水分不足的情形下也大量喝水時，就必須多加留意了。說不定是腎臟炎、膀胱炎、子宮蓄膿、糖尿病等疾病的徵兆。

結語

人的情緒，不僅可以用行動和語言表達，要傳達這些情感在某種程度上也算是容易的事。而且和其他動物不同，人類可以將真實感受和表現在外的舉措完整地區分開來。內心想著「這個人真麻煩啊……」的同時，卻又能對他假笑並遮掩這個狀況，是否還在腹中做出「騙你的——」的表情呢？

但是，狗兒卻不會這樣。而且牠們會明顯的表現出喜惡偏好，也會非常率直的展現自己的開心、害怕等情感。狗兒這種動物，是如果遇見了自己以前遇到時曾讓自己心情愉快的人或狗兒，牠會以全身表現這份開心，但若是曾讓自己有不愉快記憶或不舒服感覺的對象，則會明確表現出抗拒的動物。

然而，瞭解狗兒的「情緒」需要相當的時間和觀察力。

在此，本書以對話形式，利用狗兒回答人類疑問的模式，從動物行為學和動物心理學的觀點解釋牠們的行為和習慣。

例如，針對會讓狗兒穿著衣服的飼主，狗兒的內心想法是「其實我根本不想穿，但是飼主這麼開心地誇獎我，所以我穿了」；針對會責罵狗兒飛撲的飼主，狗兒其實是覺得「我會這樣做的只有主人你喔！」等等，嘗試地整理了一些人類某個行為下的狗兒內心想法，諸位覺得如何呢？如果諸位讀者傾聽愛犬「內心聲音」的時間能因此比以往稍微增加，就是我莫大的榮幸了。

PROFILE

中村多惠（Nakamura Kazue）

狗的教養輔導員。日本能力開發推進協會認定上級心理輔導員。擁有愛玩動物飼育管理師1級資格。1990年向Terry Ryan女士學習狗的教養正向強化法（誇獎教養法）的理論，並修畢日本動物醫院福祉協會家庭犬教導員資格7級。之後相繼於八王子市內、相模原市內的動物醫院、寵物商店，擔任執行幼犬、成犬教養訓練相關問題行為的個人諮詢對象。本身的養狗經歷達50餘年，現在與2隻愛犬——拉布拉多拾獵犬——生活，同時也接受煩惱狗兒的問題行為以及喪失寵物的飼主進行諮詢。

TITLE

想對狗狗說的許多話

STAFF

出版　瑞昇文化事業股份有限公司
監修　中村多惠
譯者　張華英

總編輯　郭湘齡
責任編輯　林修敏
文字編輯　王瓊苹　黃雅琳
美術編輯　謝彥如
排版　曾兆珩
製版　大亞彩色印刷製版股份有限公司
印刷　桂林彩色印刷股份有限公司
　　　紘億彩色印刷有限公司
法律顧問　經兆國際法律事務所　黃沛聲律師

代理發行　瑞昇文化事業股份有限公司
地址　新北市中和區景平路464巷2弄1-4號
電話　(02)2945-3191
傳真　(02)2945-3190
網址　www.rising-books.com.tw
e-Mail　resing@ms34.hinet.net

劃撥帳號　19598343
戶名　瑞昇文化事業股份有限公司

初版日期　2013年11月
定價　250元

國家圖書館出版品預行編目資料

想對狗狗說的許多話 / 中村多惠監修；張華英譯. -- 初版. -- 新北市：瑞昇文化, 2013.10
192面；14.8x21公分

ISBN 978-986-5957-99-5(平裝)

1.犬 2.寵物飼養

437.354　　102020734